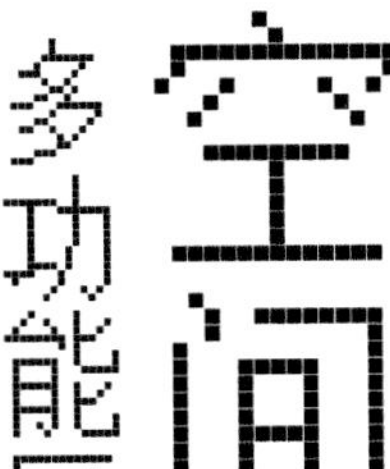

空间魔法

多功能区设计全攻略

李江军　李萍　等编

机械工业出版社
CHINA MACHINE PRESS

本书是以家居空间的多功能设计为出发点，对家中的飘窗、吧台、阳台、工作区、阁楼、卡座、榻榻米以及阅读区八个多功能区的装饰要点进行了重点解读。同时，还对休闲娱乐型多功能区、储物空间型多功能区、家庭办公型多功能区、舒适阅读型多功能区，进行了丰富细致的实例解析。帮助读者通过巧妙的规划设计，让居住空间的每个角落都富有实用性和趣味性。本书适合室内设计师、家居设计师及相关设计从业者阅读，也适合喜欢室内设计的广大读者阅读。

图书在版编目（CIP）数据

空间魔法. 多功能区设计全攻略 / 李江军等编. —北京：机械工业出版社，2020.1

（家居创意空间设计提案）

ISBN 978-7-111-64646-4

Ⅰ. ①空… Ⅱ. ①李… Ⅲ. ①住宅—室内装饰设计 Ⅳ. ①TU241

中国版本图书馆CIP数据核字（2020）第015917号

机械工业出版社（北京市百万庄大街22号 邮政编码100037）
策划编辑：赵 荣 责任编辑：赵 荣 刘 晨
责任校对：刘时光 封面设计：鞠 杨
责任印制：孙 炜
北京联兴盛业印刷股份有限公司印刷
2020年3月第1版第1次印刷
184mm × 250mm · 11印张 · 172千字
标准书号：ISBN 978-7-111-64646-4
定价：69.00元

电话服务
客服电话：010-88361066
010-88379833
010-68326294

网络服务
机 工 官 网：www.cmpbook.com
机 工 官 博：weibo.com/cmp1952
金 书 网：www.golden-book.com
机工教育服务网：www.cmpedu.com

前言
FOREWORD

随着生活水平的提高，“功能美”的空间理念在室内设计中所占据的地位也越来越高。人们对居住空间的要求不再像以前那么简单，不仅要满足使用功能，而且还需具备一定的艺术美感。将实用性与艺术性相结合，能让现代居住空间富显人文气息。同时，很多面积较小的户型，由于可用空间较为紧凑，需要在家居中的主要功能区外，利用有限的面积，设计出尽可能丰富的功能空间，以满足日常使用需求。

以最合理的布局设计，在保证空间通透、明亮的基础上，重新规划功能区，不仅审美上符合人们的要求，而且能让居住空间具备日常生活、办公学习等多种功能，是传统居住理念的延伸。同时，富有设计感的多功能空间，本身也是极为亮眼的装饰元素。需要注意的是，在设计多功能区时，必须在遵循室内设计学的基础上合理利用每一寸空间。同时，在注重空间的舒适性与紧凑性之外，还应充分考虑其功能的实用性。

让有限的室内空间具备丰富的功能，或通过“置换”与“腾挪”，让原本不合理的户型变得实用美观，这是很多业主和设计师不遗余力追求的目标。《空间魔法——多功能区设计全攻略》正是以家居空间的多功能设计为出发点，对家中的飘窗、吧台、阳台、工作区、阁楼、卡座、榻榻米以及阅读区八个多功能区的装饰要点进行重点解读。同时，还对休闲娱乐型多功能区、储物空间型多功能区、家庭办公型多功能区、舒适阅读型多功能区，进行了丰富细致的实例解析。帮助读者通过巧妙的规划与设计，让居住空间的每个角落都富有实用性和趣味性。

本书由李江军、余盛伟、汪霞君、徐开明等人参与编写，并特地邀请有着十多年专业经验的南京设计师李萍作为特邀主编，对精选的数百个多功能区案例进行详细解析，帮助读者充分发挥设计想象，让小家充满大智慧。

目录
CONTENTS

Multifunctional Zone

Design

PART

1

第一章

多功能飘窗

让家居生活更富有品质

» Multifunctional Zone Design «

飘窗一般呈矩形或梯形向室外凸起，有外飘窗和内飘窗两种类型。飘窗改造不能随心所欲，有些飘窗的墙体可以拆除，但有些飘窗是不能随意改动的，有可能危及房屋本身的安全。所以在改造飘窗前一定要询问开发商，了解房间内的飘窗是否可以进行改造。一些老式户型或者二手房是没有飘窗的，建议人为地设计一个别致的飘窗。所占面积不大，但是实用性很强，利用率也很高，同时飘窗下方还可以设计储物空间。

+ 冷元宝设计

| 空 | 间 | 魔 | 法 |

01

休闲型飘窗

> Multifunctional Zone Design

休闲型飘窗可为家中带来一个独立舒适的空间。特别是对于喜欢喝茶的人来说，可在飘窗上放置一张茶桌、棋盘等，将其设计成一个用于品茶、下棋的休闲区。再搭配几个与整体家居风格相接近的抱枕和坐垫，不仅可以提升飘窗区域的舒适度，还能在视觉上化解玻璃窗的冰冷感。

+ 冷元宝设计

⊙ 把飘窗改造成一个颇具禅意的茶台，适合闲暇时冥想与品茶

⊙ 软垫与抱枕是休闲型飘窗不可缺少的软装元素

休闲型飘窗的台面一般建议使用天然的非酸性石材。宽度 400mm、长度 1200mm 的石材底部可使用一条钢筋进行加固，而宽度在 400mm 以上或单块石材长度在1200mm以上的石材台面,则建议在底部使用两根钢筋加固,以保证安全。

⊙ 天然的非酸性石材是休闲区飘窗常用的台面材料

飘窗以上下开启的窗帘款式为上选，如罗马帘、气球帘、奥地利帘等。此类窗帘款式开启灵活、安装和开启的位置小，能节约出更多的使用空间。如果飘窗较宽，可以做几幅单独的窗帘组合成一组，并使用连续的窗帘盒或大型的花式帘头将各幅窗帘连为整体。窗帘之间，相互交叠，别具情趣。如果飘窗较小，就可以当作一个整体来装饰，采用有弯度的帘轨配合窗户的形状。

⊙ 飘窗的窗帘设计

⊙ 悬空制作的 L 形书桌台面由于没有设置桌脚，实用的同时显得简洁大气

⊙ 根据异型飘窗台量身定制的书桌与储物柜，充分利用了角落空间

| 空 | 间 | 魔 | 法 |

书桌型飘窗

02

> Multifunctional Zone Design

如果书房面积较小，单独设立一张书桌会非常占用空间。因此不妨为其量身定做一个飘窗型的书桌台面，不仅让飘窗具备了书桌的功能，而且由于少了桌脚的设置，能让书房空间显得更加简洁通透。此外，还可以在拐角处设置计算机桌、书架以及书柜等书房家具，让飘窗功能以及设计感更加丰富。

书桌型飘窗的台面长度与宽度，可根据空间的整体格局以及使用需求进行选择。台高一般为710~750mm，桌面一定要超出飘窗的边，这样使用起来才更舒服。如果在14岁以下孩子的儿童房中设置，则书桌型飘窗的台面尺寸至少应为600mm×500mm，高度应保持在580~710mm。在制作材质上，应尽量选用支撑牢度较好的木工板，保证后期使用的稳定性。良好的灯光照明是书桌型飘窗不可或缺的设计元素。除了台灯的选择，还可以设计一些间接性的照明。间接照明不仅能避免灯光直射所造成的炫光伤害，还可以烘托阅读时的氛围。要注意书桌型飘窗少不了计算机、台灯等电器的使用，因此在设计时，要预先处理好电源线以及插座的问题。

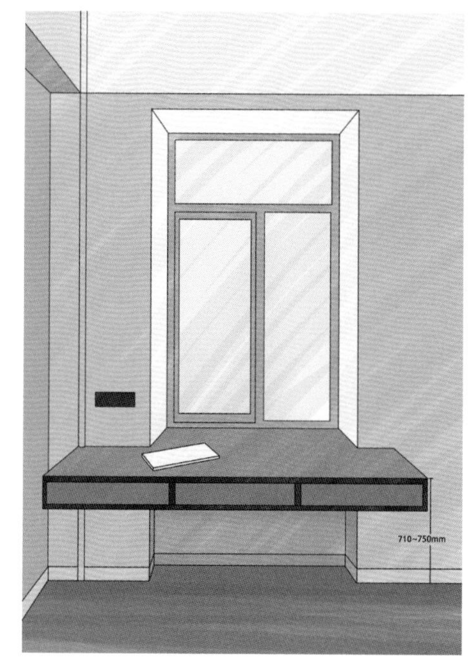

⊙ 书桌型飘窗台的尺寸

⊙ 长条形的飘窗台被敲掉后，增加了书桌与书架的设计

| 空 | 间 | 魔 | 法 |

储物型飘窗 03

> Multifunctional Zone Design

储物型飘窗讲求对格局综合性的利用，在设计时需进行多样化搭配，才能体现出其使用效果。如果是能够进行改造的飘窗，或是后期加装的飘窗，可以考虑将其整体设计为储物柜，不仅能存放不少换季的衣物或棉被，甚至可以存放行李箱等较大件的物品。此外，还可以在飘窗的下部空间设计抽屉柜，用于存储体积较小或者较为常用的物品。

⊙ 在飘窗下部空间设计抽屉柜，用于存储体积较小或较为常用的物品

⊙ 储物和休闲兼具的飘窗台，在大理石台板与地柜之间应用木工板衬底，增加牢固度

⊙ 如果在飘窗台增加一排抽屉，应考虑其高度是否方便落座

如果飘窗的下面不存在墙体，可以考虑为其设计一排悬空式的抽屉。注意在安装悬空式抽屉时，应采用角铁加以固定，以提高使用时的安全系数。此外，如果考虑把储物型的飘窗当作沙发使用，那么制作时应在大理石台板与地柜之间用木工板衬底，单纯用大理石台板覆盖很容易断裂。

飘窗的两侧也是不可遗漏的收纳空间，可以将其设计成全开放或者半开放式的书架或置物架，用于陈列书籍或者软装饰品。结合底部的柜体收纳，不仅节省了许多空间，还为飘窗的设计形式增添了很多情趣。

⊙ 利用飘窗两侧设计开放式置物架

»

Multifunctional Zone

Design

PART

2

第二章

吧台设计

增添室内空间的小资情调

» Multifunctional Zone Design «

吧台最初源于酒吧，是酒吧向客人提供酒水及其他服务的工作区域。随着室内设计的多样化发展，吧台已进一步延伸到了家居设计中，尤其是厨房、餐厅以及客厅等空间，而且还拥有了更多的附加功能。在室内设置吧台，应将吧台视为空间的一部分，同时要考虑好吧台设计的动线走向。吧台的位置并没有特定的规则可循，建议利用一些零碎的区域设置吧台，以提高空间利用率。

| 空 | 间 | 魔 | 法 |

01 餐桌式吧台

> Multifunctional Zone Design

很多小户型的餐厅空间往往较为局限，甚至没有设置独立的餐厅。因此，可以在厨房或者客厅墙体转角区域或者墙边设计一个迷你的餐桌吧台，以解决用餐需求。还可以在餐桌吧台的下侧设置储物柜，既增加了收纳空间，同时又可以达到收纳与布局在整个空间里的完整性。但注意内嵌的储物柜关系到吧椅的舒适性，一般情况下建议内凹 20cm 比较合适。

如果家居中的厨房是开放式的，则可以将餐桌吧台设置在厨房与客厅之间，作为两个功能区之间的隔断，既美观实用，而且还在很大程度上减少了空间的占用。

⊙ 开放式厨房通常将吧台设计成两个功能区之间的隔断

⊙ 餐桌吧台的下部设计成储物柜

一些风格较为简约的餐桌吧台往往没有考虑到酒架与杯架的设计，导致清洁干净的杯子只能摆放在吧台下面的储物柜里。配备酒架与杯架则可以将洗干净的酒杯倒挂在杯架上，不仅取放方便，而且杯内不会有水渍残留。

⊙ 餐厅吧台上方的酒架具有实用功能

酒架与杯架一般都设计在吧台的正上方，如果考虑在顶面安装，施工时应该考虑吧台正上方的顶部采用木工板进行加固，最好选择吊顶下方固定木工板。此外，在挂架里面装饰几盏射灯，既解决照明问题，也更能让吧台生辉。

餐桌吧台作为用餐的空间，其灯光照明是不可或缺的设计环节。在灯具的选择上应以造型简洁为主，同时在设计灯具的位置时，也需考虑到整体空间。通常来说，灯具应安装在餐桌吧台的上方与其形成对应，这样可使灯光的照射更加均衡。如果吧台是功能区之间的隔断，可以考虑在其上方设置简易的吊灯，不仅丰富了吧台上方空间的装饰，而且还加强了两个功能区之间的隔断效果。在灯具的选择上，除了个人品位和喜好之外，灯具的颜色、大小以及造型都应与家居的整体风格相符合。

⊙ 将高低错落的小吊灯作为餐桌吧台的照明，实用的同时富有趣味性

⊙ 英伦乡村风格的空间中，吧台上方的黑色工矿灯具有浓郁的工业气息

|空|间|魔|法|

休闲型吧台 02

> Multifunctional Zone Design

⊙ 靠窗位置的休闲吧台光线充足，增加了家居生活的情调

由于休闲吧台的主要作用是娱乐休闲，因此在做水电之前，不仅要考虑到网络和插座的布置，同时也应合理搭配灯光照明的强度和类型，给休闲娱乐提供最优质的环境。如果需要在过道空间设置休闲吧台，最好对吧台的直角进行磨圆处理，以免人在走动时不小心碰伤。休闲吧台设计的高度一般在 1100mm 左右，宽度在 600mm 左右，可根据空间的实际情况以及使用需求来选择合适的尺寸。有些休闲吧台的台面设计是两侧固定，中间没有支撑，这样的设计简洁大气，现代感十足。需要注意的是，这样的吧台台面的基础应使用钢架来制作，以保证吧台的牢固与使用安全。

⊙ 两侧固定，中间没有支撑的休闲型吧台在制作时应保证牢固与使用安全

⊙ 休闲吧台的尺寸

休闲吧台也可以木工现场制作，并在表面涂刷混水油漆，这种做法的优势是颜色可以根据室内装饰的需求进行选择，并且可与家中其他家具的色彩保持一致。需要注意的是，油漆涂刷的表面比较容易划伤，因此在后期使用时，可在上面铺贴保护膜。

⊙ 木工现场制作的吧台

⊙ 搭配合适的吧椅，是成功打造休闲吧台的基础

完美的休闲吧台设计少不了吧凳的精心搭配。吧椅一般可分为有旋转角度与调节作用的中轴式钢管椅和固定式高脚木制吧椅两类。在选购吧台椅时，要考虑它的材质和外观，并且还要注意它的高度与吧台高度的搭配。通常吧椅的尺寸是要根据吧台的高度和整个酒吧的环境来定的。吧椅的样式虽然多种多样，但是尺寸相差都不是很大。一般可升降的吧椅可升降的范围在 20cm 之间，具体根据个人的喜好来定。但是有时会因为环境的需要选择没有升降功能的吧椅，一般吧椅高度都在 60~80cm 之间，吧椅面与吧台面应保持 25cm 左右的落差。

⊙ 中轴式钢管椅

⊙ 固定式高脚木制吧椅

⊙ 吧椅的高度尺寸

| 空 | 间 | 魔 | 法 |

03 办公型吧台

> Multifunctional Zone Design

吧台的存在不仅能让空间显得更有品质，而且还有着更多的作用。比如将吧台设计成办公桌的形式，绝对是一个实用又有情调的选择。办公吧台的整体设计应以营造轻松的工作氛围为主，如果过于刻板严肃，不仅会降低舒适度，而且容易加重工作时的心理负担。舒适明亮的照明是工作与学习时最基本的要求，因此在设计办公吧台时，应对其灯光进行合理的搭配。此外，应考虑会在此处用计算机以及给手机充电，因此办公吧台处至少要预留一个插座。

⊙ 将吧台设计成办公桌的形式，进一步满足小户型的功能需求

⊙ 靠窗设计的吧台充分利用空间，同时兼具办公、阅读与休闲的多重功能

适当地为办公吧台搭配装饰元素，能让小小的工作区域显得更富有活力。在搭配时应注意，不宜使用一些色彩过于鲜艳跳跃的装饰品，以免分散学习或工作时的注意力。可以选择一些在造型上富有创意，并具有一定实用功能的小物品，如笔筒、笔托、书挡以及收纳盒等。此外，还可以搭配绿色植物作为装饰点缀，不仅可以为其增添清新活力，而且还能让整个空间瞬间活泼起来。

⊙ 笔筒、风灯、绿植以及趣味小摆件等软装元素让办公吧台区域显得更有活力

Multifunctional Zone

Design

+ 清羽设计

+ 汉莎设计

+ HAO 设计

+ 拉菲设计

PART

3

空间魔法——多功能区设计全攻略

第三章

阳台设计

实现多种空间功能

» Multifunctional Zone Design «

在装修房屋时，很多人对阳台未来所呈现出来的样子都有着自己的设想。它或许是有着变身技能的储物空间，又或许是种满花草的休闲空间，再或者是洒满阳光的阅读空间等。其实，拥有一个多功能并富有诗意的阳台并不难，而且也不用对既有的装修大动干戈。只需要一些精致的搭配，或者对局部空间进行改造，就能达到很好的空间效果。比如可以将其设计成一个小书房，用于学习或者工作。不仅给家里增添了一个书房空间，而且能让室内的装饰以及布局显得更富有设计感。

| 空 | 间 | 魔 | 法 |

01

阳台实现洗衣功能

> Multifunctional Zone Design

对于小户型家居来说，卫生间的面积一般都较小，如果还将洗衣机、脏衣篮等安置在其中的话，无疑会占用过多的空间，从而影响卫生间使用的舒适度。如果能将阳台进行合理的改装设计，将洗衣机整合至阳台空间，不仅能更好地提升卫生间的舒适性，还可以灵活利用阳台阳光充足的特点，方便进行洗晒一体式的操作。需要注意的是，如果阳台的承重能力比较差，则不建议在阳台上摆放洗衣机这类大型家电，以免给阳台造成过重的负担。

⊙ 盥洗台的设置满足了阳台多功能的设计要求，有助于更加灵活有效地应用阳台空间

生活阳台一般不会占用房间的阳面，也就不会让洗衣机和晾晒的衣服受到暴晒，并且带有明窗可以方便通风阴干，因此是摆放洗衣机的理想空间。不过生活阳台的面积一般不大，大部分都在 1~2m^2，因此如何合理利用这部分空间就显得尤为关键了。如果只有采光阳台，则必须做好防晒措施，不然会影响洗衣机的使用寿命。比如可以设计专门放置洗衣机的柜子，不仅可以遮蔽阳光，而且也能起到美化阳台空间的作用。为了延长阳台洗衣机柜的使用寿命，可以在靠近洗衣机柜一侧安装挡光窗帘进行防护，避免阳光直射造成洗衣机、洗衣机柜的表层老化。

⊙ 将洗衣机放置在阳台要注意避免阳光直射

洗衣机柜的设计应该满足多功能的设计要求，除了基本的洗衣机收纳功能外，还应设置小型的盥洗台，方便手洗一些贴身小件衣物或者用来刷鞋、清洗拖布等，有助于更加灵活有效地应用阳台空间。如果选择组合式洗衣机柜，应设计出充足的储纳空间，用来放置待洗衣物、洗涤用品等，避免过度占用阳台空间，提升储存收纳的效率。

通常情况下，洗衣机柜的选择和安装都应尽可能量身定制。不仅能够满足不同尺寸的阳台空间，还能按照个人喜好以及装饰特点来决定洗衣机柜的安装布局。如果直接选购成品洗衣机柜与收纳柜进行组合，除了有可能会与洗衣机尺寸有所出入外，也极大限制了柜子的摆放和安装。毕竟成品洗衣机柜不如定制款那般完美契合、严丝合缝，没法做到完全合理地利用有限空间。

安装洗衣机柜时，应在插座面板的位置预留好通口，以便与插座位置进行接驳，联通洗衣机。此外，由于阳台环境温度相对较高，而且经常会有阳光暴晒，容易导致隐藏在板材中的有害成分被加速释放，从而影响家中的空气质量。因此，必须优先挑选实木柜或环保标准不低于 E1 级的板材制品，以避免有害成分的散发。除此之外，也可以挑选金属或耐高温、耐日晒的其他材料进行制作。

⊙ 利用定制收纳柜把洗衣机置入其中，增加收纳空间的同时实现阳台的洗衣功能

将阳台改造成洗衣空间，一定要选择专业人士来进行施工。由于部分阳台没有设计排水、进水管线，需要在改造过程中重新铺陈。水路管线的铺设一定要挑选最优路径，尽可能减少水流传导长度。同时，还要做好阳台地面的防水防渗工程，避免日后使用时，管线或地面出现渗水问题。此外，电路铺设同样需要请专业人士进行，并尽可能多预留 1 或 2 个额外的插座面板，除了满足洗衣机的安装需要外，也要满足在阳台使用挂烫机、烘干机等电器的后续需要。

阳台实现休闲功能 02

> Multifunctional Zone Design

阳台虽然是家中面积比较小的一个区域，但由于其光线好，明亮温暖，因此只把阳台当成一个晾晒衣服的区域实在是太浪费了。其实只要经过一番精心的设计与布置，就可以让阳台空间发挥出更多的功能。把阳台设计成休闲区是很多人比较偏向的一个设计趋势。想要将阳台打造成一个休闲的空间，那么就免不了一些家具的搭配。无论是搭配藤制桌椅还是布艺沙发，或是一张造型简单的躺椅，都能让阳台空间充满休闲的生活情调。此外，也可以简单地搭配榻榻米或是休闲的单人沙发，将其打造成一个日常休闲观景的空间。

⊙ 藤艺家具搭配木质顶棚和植物墙，轻松打造出旅游度假的风情

对于阳光较为充足的阳台来说，还可以利用色彩缤纷的户外纺织布料，让其显得更加生动活泼。例如在阳台设置条纹布料的遮阳伞，与沙滩椅形成搭配，让阳台变成富有海滩风情的休闲空间。此外，如果阳台的空间面积允许，设置一张吊椅也是个不错的选择，让人在晃晃悠悠的旋律摆动中感受温暖的阳光，完美地将舒适度提升了几个层次。

⊙ 在阳台上放上一款舒适的吊椅，让人尽情享受悠闲的午后时光

阳台是外部与室内的交界空间，而且一般都不会太大，因此在设计时应对其进行合理地布局。将阳台设计成休闲卡座，既不占太大的位置，又能满足较多人的使用需求，平常可以在这里喝下午茶、看书消遣时光。再放上几个抱枕，休闲感十足。此外，还可以对阳台的格局进行充分利用，将其设计成自己喜欢的休闲空间。比如可以支上一张小桌子，再搭配几张高脚凳，将其设计成一个吧台式的休闲区。

+ 郑磊设计

⊙ 两把 Y 形椅加一个小案几，形成一个颇具情调的阳台休闲区

单调的阳台设计不仅不会给空间制造休闲的自由感，而且还会影响人的心情。因此，可以考虑适当地将一些绿植花艺引入其中作为装饰点缀。不仅能让阳台空间的装饰显得多元生动，还能为室内空间营造更多的鲜活氛围。此外，在设计时，还可以考虑在墙面上安装一到两盏与阳台装饰风格统一的壁灯，在为空间增添休闲氛围的同时，还能让室内装饰显得更富有品质。

阳台地面的选材目前也趋于多元化，可以采用常规的地砖，也可以选择卵石铺地，也可以是地砖镶嵌马赛克。制作防腐实木板一般是现下很多追求休闲生活人们的首选。但如果确定阳台是封闭式的话，建议地面采用只经过烘干处理的木材，而不要选择经过防腐药水浸泡处理过的木材，因为防腐药水对人体是有伤害的。

⊙ 休闲家具搭配绿植的点缀，营造自然的气息

阳台打造成小型花园 03

阳台是家居中最适合植物生长的区域，将阳台设计成一个小型的花园，不仅能为花花草草打造一个适合生长的空间，而且能让居住空间更加亲近大自然。若是家中阳台的面积偏小，可以栽一些多年生的草本植物或爬藤类植物。若是阳台面积足够大，那么选择栽种的植物就没有过多的限制了。此外，如果阳台是带有一定弧度的格局，可以尝试利用绿植顺势将其设计成“曲径通幽”的造型，以增加整体的装饰效果。

⊙ 随意摆放各种鲜花绿植，为阳台空间带来独特的清新感

⊙ 使用防腐木在阳台内搭建阶梯支架，进行立体盆花布置

在阳台上布置植物的方法有很多种，比如可以用吊篮盛装叶茎下垂的绿植。不仅可以为阳台增添一抹亮丽的风景，而且悠然下垂的绿植，能够营造出舒适惬意的视觉效果。如果阳台的面积较小，还可以在墙壁上镶嵌或垂挂半边式的花盆，然后在其中栽种一些观叶植物。半边式的花盆不仅能够减少面积的占用，而且由于其是依附在墙壁之上，因此可以完美地增加墙面的装饰效果。还可以使用防腐木在阳台内搭建阶梯支架，进行立体盆花布置，让植物按阶梯排布，既节省了阳台的空间，又能让阳台空间显得井然有序。

很多家里喜欢用砖砌一个鱼池，墙面固定花架，在自家阳台养一些花鸟鱼虫，十分富有情调。但需要注意的是室内砖砌鱼池一定要做好防水，而且在养鱼前最好先用白醋浸泡，中和掉填缝剂和水泥中的碱成分。

阳台与客厅打通合并 04

> Multifunctional Zone Design

⊙ 打通阳台后将其改造为一个阅读空间

很多二手房的小户型中经常出现将阳台和客厅之间的墙体去除，直接将两个功能区合二为一的设计。这样不仅能扩大会客空间的面积，让整个客厅环境形成视觉延伸的效果，而且可以让日照直接进入客厅，让空间看起来更加敞亮，对于改善整体环境的采光率和通透效果也具有一定作用。设计时可以在阳台区域摆放一些小型家具，将其变成一个全新的功能空间。如果阳台光线良好，可以将其作为阅读空间，一边享受午后阳光，一边享受阅读的乐趣。也可以把阳台抬高一点做个地台，这样不仅增加了家中的休闲空间，而且会让客厅更具空间层次感。如果阳台空间不算太小，则可以为其设计一个唯美的飘窗，让其成为一个用于休息的空间。如果家里来客人，还可以将其作为临时的客卧。

⊙ 打通后的阳台与客厅铺设同一种地面材质，从视觉上拉大空间感

⊙ 将阳台地面抬高，增加空间的层次感

将阳台与客厅打通后，应特别注意做好封闭工作。尤其是对于北方地区来讲，将阳台打通很容易降低室内的温度，这个时候要特别注意选择合适的密封窗，而且阳台如果有一些小的缝隙，还需要做好二次的装修。北方地区建议是要进行保暖措施的，一定要有保温板，这样才可以保证阳台的温度不会影响到室内整体温度。南方也是如此，防水工作是一定要做好的。

此外，打通阳台也会带来一些问题，比如隔声效果变差，因为最佳的隔声处理是由窗户和门共同完成的，阳台打通之后，客厅就少了一个门阻挡声音，因此，如果房子靠近繁华的市区或是附近噪声源较多，打通阳台后可以使用隔声窗，能在一定程度上减少噪声污染。与此同时，阳台上面的各类灰尘以及其他的附着物容易飘洒到客厅，可能日常要做的卫生工作就比较多了，若是想要阻隔灰尘可以考虑使用纱帘，不仅可以让整体空间看起来更加柔和精致，而且对室内的采光也不会产生太大的影响。

⊙ 在阳台与客厅之间安装纱帘，不影响采光的同时阻隔灰尘

是否打通客厅和阳台，要根据不同户型和不同需求决定。对于客厅面积足够开阔的户型来说，客厅上的阳台建议尽量安装一个推拉门，这样更具实用性，不仅可以保证空间的私密性、安全性，还可以阻挡灰尘，保温性能也能得到有效保障，使用空调制冷的时候效果也会更好。

Multifunctional Zone
Design

PART

4

空间魔法——多功能区设计全攻略

第四章

家庭工作区

轻松实现在家办公的愿望

» Multifunctional Zone Design «

基于工作需要或者个人爱好，很多人会在家里设立书房或者办公区。同时也有很多家庭由于空间有限，无法设置单独的办公区，但又需要一个可以用于专心工作或者放松阅读的角落。因此需要向其他功能区“借”一点空间，以满足日常办公或者学习的需要。

其实，在家中“挤”出一个工作区不必大动干戈，往往只需一张桌子、一把椅子以及运用好一些收纳技巧，就能达到很好的设计效果。工作区位置的选定也没有特殊的规矩，只要空间条件允许，就可以按照自身的作息习惯进行安排。比如将其设计在客厅、卧室、餐厅、甚至阳台等空间都没问题。

| 空 | 间 | 魔 | 法 |

01 客厅中设置工作区

> Multifunctional Zone Design

随着时代的发展，家居中客厅的主要功能已经从传统的会客、休闲、看电视，逐渐演变为娱乐、阅读、办公等多功能于一体化的空间。因此传统“沙发 + 茶几 + 电视”的模式已经不能满足现代人的生活需求。由于面积限制，很多小户型家庭在装修房子的时候，都不会单独设置工作区。一是浪费空间，二是设置工作区所需要的面积不大，一般只需容得下一张办公桌的空间就够了，加上客厅角落有很多空间可以重复利用。因此在客厅空间设置一个工作区不失为一个完美的选择。

⊙ 把客厅的飘窗台改造成收纳功能丰富的书柜，再利用靠窗位置设置小巧的办公桌椅

选定工作区的位置应该以不影响到客厅区域的功能为宜，因此在设计时就需要优先考虑客厅的功能需求，其次再考虑工作区的位置选择。一般可以将工作区安置在沙发背后、客厅的角落等位置；此外，客厅与阳台相连的地方也是一个不错的选择。

⊙ 客厅沙发背后设计工作区，矮墙在划分空间的同时作为书桌的背景

⊙ 在小户型客厅的角落利用电视柜作为支撑，形成一个小型工作区

客厅中设置工作区的主要目的是满足日常学习和工作的需求，所选择的家具以实用性为宜，尽量挑选不占用空间的办公桌椅，色彩上应该与客厅的整体相搭配，不能显得太突兀。此外，虽然客厅空间的光线通常较为良好，但由于在其中增加了作为工作区的区域，导致整体空间会有一点拥挤，同时也会产生一定的光线遮挡问题。所以在设计时，应考虑到光线的问题。如果工作区的光线不足，可以考虑采用灯光进行调整，如选择现在流行的 LED 节能灯，或者在书桌上放置一盏台灯，以弥补工作区域采光不足的问题。

⊙ 高低错落的一组小吊灯富有装饰性，同时也弥补了工作区域采光不足的问题

| 空 | 间 | 魔 | 法 |

利用过道设计工作区 02

> Multifunctional Zone Design

过道除了走路通行之外，有时还兼有艺术品展示和休息区的功能。而在家居空间中，也可以通过设立工作区的方式，提高过道空间的使用效率以及提升室内装饰的设计品位。过道是从大门通向各房间的走道，因此其最基本的功能要求是保证通行的顺畅。如果要在过道设立工作区，应注意不宜放置过多的杂物和摆放大型家具。可以选择一些造型简约或者可折叠的家具，不仅不会占用太多空间，而且还能灵活应对各种突发状况，可在需要时将其收起，提高过道空间的通过效率。

⊙ 小户型中的过道工作区的家具造型应尽量简洁，避免占用太多空间

⊙ 半开放式且比较宽敞的过道，可以将工作区的墙面作为设计的重点

⊙ 在楼梯过道转角位置设计工作区，充分利用室内的死角空间

过道工作区根据格局的不同，其设计的重点和处理的技巧也有所差异。对于封闭式且很狭长的过道，可以将工作区域设立在尽头的位置，以起到制造视觉焦点、减轻空旷感的作用。需要注意的是，由于狭长形的过道需要设置较多的照明灯，因此应对其开关进行分组，以免造成浪费。如果是大空间内的开放式过道，可以通过顶面和地面的设计来划分出工作区域，以凸显过道空间的功能与特点，但在设计时要注意工作区与周边环境的融合与协调。此外，如果是半开放式且比较宽敞的过道，则可以将工作区的墙面作为设计的重点，通过墙面的装饰设计以及丰富的色彩和图案等增加过道空间的视觉动感。

⊙ 封闭式且很狭长的过道，可以将工作区域设立在尽头的位置

⊙ 半开放式且比较宽敞的过道，可以将工作区的墙面作为设计重点

可以考虑靠墙悬挑一块台面板代替写字桌的功能，会使整个空间显得比较宽敞。需要注意的是，这种悬空的台面板最好不要过长，否则往往使用了一段时间以后会出现弯曲现象。这是由于台面板跨度比较大，承受的重力比较大引起的。因此制作类似书桌的时候建议用双层细木工板制作，以保证其使用的寿命。此外，还可以在工作区的墙壁上安装一些壁挂式的书架，既可以节省空间，又能起到收纳和装饰性的作用。

03 卧室结合工作区的设计

> Multifunctional Zone Design

在卧室设计工作区是室内设计中常见的做法。大户型的卧室通常有足够的空间设置一个相对独立的工作区，如果卧室空间足够大的话，可将工作区与卧室之间利用隔断墙进行隔离，用于独立办公和看书。一个在卧室里面但又相对独立的工作区，可以让居住者享受不被打扰的阅读时光。

⊙ 在长度和宽度足够的卧室空间中，利用床尾的墙面设计一个工作与储物兼容的多功能区

⊙ 面积较大的卧室中可利用酒店套房的设计思路，设置一个相对独立的工作区

对于小户型来说，能够拥有一个独立的工作区域是件奢侈的事情，因此需要将房屋空间最大化利用以满足更多的功能需求。大多数卧室中窗户边的空间都是被浪费的，可直接根据窗户大小，定制尺寸相符的书桌和书柜，打造成一个实用的工作区。大部分家庭的卧室床头没有具体的作用，可考虑把卧室床头改造成带办公桌的一体化设计，还可以配合定制入墙式书柜，让床头变成一个小型工作区。如果卧室内有飘窗，可考虑将飘窗窗台砸掉，搭配整体书柜和书桌，轻松改造成工作区。

+ 大也国际空间设计

⊙ 利用窗边的空间设计工作区

+ GNU 金秋软装

⊙ 利用定制家具的特点，把柜子和写字桌设计成一体

⊙ 利用卧室一侧的角落空间设计工作区

⊙ 利用飘窗位置改造的工作区

将工作区和客卧合二为一是对客卧空间的功能拓展，因此这种设计形式对于小户型来说无疑是更为经济合理的选择。而且客房使用率较低，与其将其空置浪费，不如在其中设计一个工作区，将闲置的空间充分利用起来，以达到一室多用的设计效果。工作区兼客卧的设计，在组合搭配过程中无法面面俱到，因此通常要牺牲一部分的功能。比如读书写字等办公功能用得较多的，要增加抽屉、文具以及台灯的摆放空间。用得不多，则可以减小甚至去掉写字台。如果书籍较多，可以选择开放式或玻璃门书架，而日用杂物多的客卧空间，则可以增加一些柜子、抽屉等以提升收纳效率。

⊙ 将客卧与工作区合二为一的设计

小面积卧室工作区的书桌摆设在靠墙的位置是比较节省空间的。由于桌面不是很宽，坐在椅子上的人脚一抬就会踢到墙面，如果墙面是乳胶漆的话就比较容易弄脏。因此设计的时候应该考虑墙面的保护，可以把踢脚板加高，或者为桌子加个背板。

| 空 | 间 | 魔 | 法 |

04 阳台中设计工作区

> Multifunctional Zone Design

如果家里没有独立的书房空间，又希望在学习工作时有个相对安静的空间，那么将阳台设计成一个封闭或半封闭式的小型工作区是个非常不错的主意。不仅能更加有效地利用室内空间，而且一个相对安静并具有一定私密性的空间，对于提升工作效率有着很大的帮助。如果阳台面积足够大，还可以为其搭配一个小型的榻榻米，用于平时独处休息也是非常不错的。

⊙ 利用阳台设计工作区

阳台的面积不大，在空间的利用上更是寸土寸金，对家具的选择要求更高。需要根据空间选购合适的书桌，并在墙上做一些简易的书架。如果阳台有些异型，最好选择定制家具，可根据实际空间来打造相应的家具。另外，能够灵活变化的书桌也可考虑，有的起到节约空间的作用，有的能够实现一物两用。有些书桌就是一个柜子，上部始终是书架，不用时下部就是一个储物柜，能将笔记本、电源线等都藏在肚子里，用的时候直接拉开就是一个工作桌。

利用阳台等角落空间设计的工作区很难买到尺寸合适的书桌和书柜，现场制作是一个不错的选择。如果选择现场制作书桌，可以考虑在桌面下方留两个小抽屉，这样很多零碎的小东西都可以收纳于此，需要注意的是抽屉的高度不宜过高，否则抽屉底板距离地面太近，可能下面的高度不够放腿。

⊙ 卧室中的阳台打通后改造成工作区，选择现场制作书桌的方式更能充分利用角落空间

将阳台改造成工作区，要解决防水、防风、防晒、防噪声的问题。尤其是要对封闭的玻璃窗进行防水处理，特别是玻璃窗与墙体的接缝处，如果施工质量不过关，容易导致雨水渗进墙体，致使木制家具发霉腐烂。其次，防晒问题也是设计时的重点考虑因素。如果阳台工作区内的家具为木质品，长时间处于阳光的照射下，容易造成开裂、发黄、加速老化等问题，会大大缩短家具的使用寿命。此外，工作区是个需要安静的空间，因此在设计时要充分考虑阳台外的噪声是否会对工作环境造成影响。如果阳台外正好是马路，就需要充分做好空间的防噪声处理，如采用双层玻璃窗、搭配较厚的窗帘等。

»

Multifunctional Zone
Design

+ 木田设计

+ 和薪设计

PART

5

第五章

阁楼设计

满足多元化的使用需求

» Multifunctional Zone Design «

阁楼即位于房屋坡屋顶下部的房间，在大多数人眼中，阁楼的整体格局具有明显的缺点，比如造型不规则、空间矮小等，但这些缺点正是阁楼空间的魅力所在，一旦将其进行合理利用，就能带来意想不到的设计效果。需要注意的是，在设计时不能破坏阁楼的原有结构，同时阁楼的通风、采光、防水以及隔热等设计环节都不能忽视。

| 空 | 间 | 魔 | 法 |

01 阁楼设计成卧室

> Multifunctional Zone Design

阁楼空间的结构特殊，想要进行改造并不是一件容易的事情。但阁楼是一个十分安静的空间，因此可以考虑将其改造成一个卧室空间。同时，大部分阁楼相对较矮，将其作为卧室，休息时能给人带来充足的安全感，而且私密性相对于其他空间来说也更强。

由于空间的局限，在为阁楼卧室搭配家具时，应注意控制好数量以及尺寸大小。而且在放置家具时，要选择不影响日常使用的位置，应尽量避免在不适合直立行走活动的地方陈设家具，以免日后使用时不小心碰到头部。此外，还可以适当搭配一些如坐凳、小收纳箱等精致小巧的家具，不仅能增添阁楼卧室的视觉元素，而且也非常实用。

⊙ 在阁楼改造而成的卧室中，家具的选择和布置应重点考虑使用的方便性

卧室是用于睡眠和休息的空间，因此需要保持良好的空气流通。由于阁楼是一个单一出口的封闭空间，楼下对流的空气无法直接影响阁楼的空气，因此通过自然对流的方式改善阁楼的空气质量是非常有限的。在设计时，可通过增设通风扇、排风口等方式增加阁楼空间的空气流动。如果整体格局允许，也可以通过多设计几个窗户的形式改善阁楼空间的空气质量。需要注意的是，在增加窗户时，要在保证阁楼结构安全的前提下进行。

⊙ 如果将阁楼改造成卧室，需保持良好的空气流通和充足的自然采光

有时设计师为了让一些区域有自然的采光效果，会考虑在顶面开一个窗户，可以让这个区域有别有洞天的感觉，但是也会带来防水的问题。需要注意的是不要只考虑在室内做防水，这样并没有太大的效果。在最初开洞的时候，就要考虑外墙做防水，并且连同外墙结构一起做，这样能够起到有效防水的作用。

| 空 | 间 | 魔 | 法 |

02 阁楼设计成儿童房

> Multifunctional Zone Design

阁楼空间一般比较低矮，而且空间格局不规则。但这些缺点在儿童房的设计中，却成为了空间的个性所在。其不规则的造型，更是让儿童房的空间倍显童趣与个性。将阁楼改造成儿童房首先应该从硬装改造入手。可以使用桑拿板设计阁楼的顶棚造型，不仅环保而且不必担心出现发霉、腐烂等问题。此外，很多阁楼的顶部形状比较特殊，可以根据其形状做一些有创意的设计，然后装上卡通风格的吊扇、吊灯等与之形成搭配。至于地面设计，如果条件允许，可以选择更适合儿童房空间的软木地板。总之，儿童房内所使用的装饰材料，要以环保、舒适为主要原则。

阁楼中有不少奇形怪状的区域，因此将阁楼空间设计成儿童房要花费不少心思。比如可以将阁楼中较矮的区域，做成收纳空间或者改造成写字台。如此一来，能够让儿童房的空间利用突破斜屋顶的限制。为了提高收纳功能，还可以在墙面上增加一些搁板设计，用来摆放孩子的照片或者孩子喜欢的玩具。此外，建议在墙面上设计一小块黑板墙，以便给孩子提供一个涂写画画的地方。

⊙ 设计一块黑板墙，给孩子提供一个涂写画画的地方

⊙ 将阁楼中较矮的区域，设计成储物柜兼具写字台的形式

除硬装设计外，儿童房的家具搭配也是十分重要的环节。由于孩子的个头较小，而且大多数阁楼是斜顶造型且空间较小，因此最好选择具有多功能的家具。地台式的组合床就是个不错的选择，不仅能节省不少空间，同时可以将地台下方设计成抽屉，用于收纳杂物，而且孩子拿取时也比较方便。

⊙ 靠墙设计的地台床规避了阁楼空间层高低矮的缺陷，同时增加了储物功能

将阁楼改造成儿童房，合理的色彩搭配能起到锦上添花的作用。在搭配色彩时，应考虑到孩子的年龄特点，增加一些孩子自己喜欢的色彩元素。比如可以搭配红色系、绿色系等充满活力和生机的颜色。

⊙ 艳丽的色彩和图案增加空间的活力，满足儿童天真活泼的天性

| 空 | 间 | 魔 | 法 |

03 阁楼设计成书房

> Multifunctional Zone Design

将阁楼改造成书房空间，首先应满足阅读和学习的使用需求。所以在设计时，应优先布置好用于工作学习的书桌和放置书籍的书架，其次在合理的位置搭配装饰物。由于阁楼的面积不大，所以在设计时应注意控制家具以及软装元素的尺寸大小。此外，家具的选择应以简约舒适为主，以便于打造出一个舒适、实用的书房空间。

⊙ 小尺寸的书桌靠墙摆放，不会过多占用原本面积就不大的阁楼空间

阁楼的面积通常都不会很大，但相对于其他空间来说，阁楼比较独立并且较为安静，因此很适合将其改造成为书房。书房作为阅读、学习的空间，必须保证有充足的自然光。因此，把阁楼设计成书房时，应选择在自然光充足的区域设立书桌，这样不仅能保护眼睛、缓解视疲劳，还可以让人保持更高的学习与工作效率。另外，阁楼式书房的通风也很重要，人长时间待在空气不流通的房间里，大脑会严重缺氧，非常不利于学习、工作，所以要加强阁楼空间的通风设计，如增设通风口、窗户，以及使用静音排气扇等都是不错的选择。

⊙ 把书桌垂直于窗户摆设，以保证充足的自然光线和良好的通风

⊙ 面积比较大的阁楼空间中的书桌建议居中摆放，再根据顶面造型设计多边形的书柜

阁楼的屋顶一般是斜面不规则的，这就造成了空间低矮的问题，而且会影响通风和采光。此外，阁楼的窗户一般比较小，如果准备将其设计成书房空间的话，最好在斜面屋顶上开设天窗，尽可能地增加自然光线的照射以及空气的对流。再加上灯光照明的辅助作用，能够使阁楼的透光性得到很大程度的提高，同时低矮的空间也会显得更加空阔。

04 阁楼设计成储物间

> Multifunctional Zone Design

由于阁楼的空间特点多是两边低矮，中间高，或是一边高一边矮，在设计利用时难度较大。因此大多数家庭一般会将其作为储物间，用于堆放闲置的家具和杂物。由于受到层高和空间形状的限制，阁楼收纳一般会在墙上寻找切入点，其中以嵌入式设计最为常见。定制收纳柜可以更加高效地利用好阁楼的不规则空间，选用具有一定高度的、带有不同规格收纳空间的定制收纳柜，对于阁楼储物间来说，无疑是提高空间利用率的最好方法。此外，在设计过程中，主要收纳空间应尽可能布置在较高的位置，让其在不影响采光的基础上，为阁楼腾出更多的可利用空间。同时，还应规划好阁楼的倾斜空间，并尽量发挥结构本身的特点，能达到事半功倍的设计效果。

阁楼储物间的面积一般都不会很大，但却负担着家居中大部分的物品收纳工作，而且家中有很多物品需要有一个相对较为干净、干燥的空间来收纳。因此，在设计阁楼储物间的时候，要注意其空间的防尘效果与易清洁性，比较常见的做法便是使用带柜门的收纳柜。此外，储藏室的门窗，也需要保持较好的密闭效果。

⊙ 沿着建筑墙体的结构定制顶天立地的展示柜，充分利用每一处空间

⊙ 根据不规则的阁楼空间量身定制的开放式衣帽间

⊙ 自楼梯间延伸至阁楼的开放式书柜在不影响采光的前提下，极大增加了阁楼的收纳功能

阁楼顶棚是家居装饰设计中一个较特殊的项目，既要受到建筑本身结构性的条件限制、居住者预先策划好的主题功能区属性限制，还需要考虑整个居室设计风格的匹配问题，在设计过程中需要通盘考虑。在阁楼的顶面可以用一些隔热的材料来缓解闷热。传统绝热材料有玻璃纤维、石棉、岩棉、硅酸盐等，新型绝热材料有气凝胶毡、真空板等。如果阁楼采用木饰面板装饰顶棚，应先做一层隔热层，同时夹板、杉木板的背面也需刷上油漆，以防止高温下产生变形开裂。

Multifunctional Zone

Design

PART

6

第六章

卡座设计

满足就餐区的储物需求

》 Multifunctional Zone Design 《

卡座原本是酒吧、咖啡馆以及休闲会所的座位设计形式，随着其优点慢慢展现出来，这种设计形式经过逐步的改良和创新后，越来越多地被运用到了家居设计中，其中最为常见的就是餐厅卡座。一方面可以节省餐桌椅的占用面积，另一方面卡座的下方空间还可以用于储物收纳，因此能很好地将收纳空间和餐椅合二为一，让餐厅的功能更加紧凑。

⊙ LOFT 小户型中利用长条形的卡座代替了餐椅与沙发的功能，让空间显得更加开阔

| 空 | 间 | 魔 | 法 |

01

一字形卡座

> Multifunctional Zone Design

一字形卡座也叫单面卡座，这种卡座的结构非常简单，没有过多花哨的设计，大多采用直线型的结构倚墙而设。由于其简洁大方、不显得繁杂，因此能够非常好地和各种家居装饰风格相融合。一字形卡座结构单一，安装起来也比较方便，由于其本身比较细长，因此一般只需配备一张长方形的长桌就可以了。此外，也可以靠到墙边结合餐桌使用。

⊙ 一字形卡座的设计在增加收纳的同时，还可帮助小户型餐厅更好地节省空间

一字形卡座适用于位置在两个功能区中间的走廊型餐厅。餐厅卡座最需要具备的就是收纳功能，因此可以将卡座底部设计成收纳格，以提高空间的收纳能力。除了卡座本身外，边上墙面的空间也可以利用起来，比如可以做个餐边柜或吊柜等。同时也可以在卡座的背景墙上搭配挂画或者墙纸作为装饰，以提高其美观度。

⊙ 带护墙板的卡座起到保护乳胶漆墙面的作用，让就餐环境更舒适

⊙ 悬空的卡座底部增加灯带，烘托就餐的氛围

卡座的长度和宽度可以根据实际需求来设计。通常卡座的靠背高度在85~100cm之间，坐垫高度在40~45cm之间，靠背连同坐垫的深度大约在60~65cm之间，此外，不同的款式对卡座尺寸也会有一些影响，上下波动一般在20cm左右。如果卡座在设计的时候考虑使用软包靠背，座面的宽度就要多预留5cm。同样，如果座面也使用软包的话，木工制作基础的时候也要降低5cm的高度。此外，卡座的高度应与家中的椅子一致。

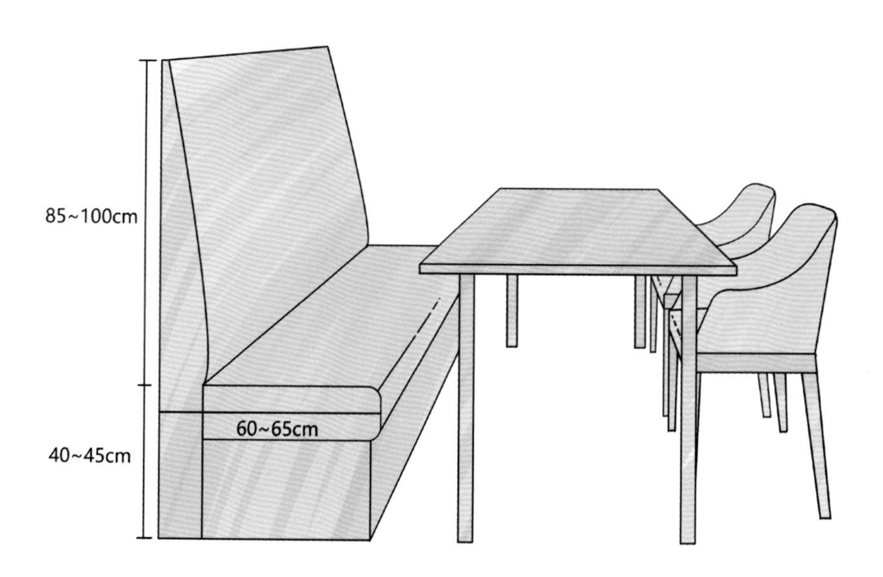

⊙ 卡座的常规尺寸

二字形卡座

二字形卡座就是常见的双排一字形的设计形式，能够清晰地划分出用餐区域，所以也更加有利于就餐氛围的营造。二字形卡座适合运用在狭长空间或者半独立小空间，其对称的造型结构，能够加强整体空间的稳定感。卡座的座位可以是落地式，也可以设计成悬空式直接连着后背的墙壁。如果选择落地式的设计，卡座的底部收纳可做成侧面抽屉的样式，这样拿取收纳物时会更方便。

⊙ 二字形卡座呈相对型布置，有利于就餐氛围的营造

在制作卡座时，最好选择优质实木作为卡座的框架，由于优质木材经过了抛光、脱水、除菌、防霉等多种工艺的处理，不仅不生虫、无异味，而且衔接处一般是以榫眼或刻口相互咬合，因此其质量非常牢固可靠。此外，卡座的坐垫、靠背等部位，可以采用海绵作为填充物，以提升使用时的舒适度。

| 空 | 间 | 魔 | 法 |

03

L 形卡座

> Multifunctional Zone Design

L 形卡座一般设置在墙体拐角的位置，这种形式能够充分利用家居空间的设计，合理改造死角位置。对于面积较小的户型而言，在餐厅设计一个 L 形卡座，不仅能够有效地节省空间，还能同时兼顾装饰与收纳功能，既美观又实用。卡座的底部可以做成柜子或抽屉，也可以与依墙而设的同色系柜体进行组合，达成风格上的和谐统一。

⊙ 卡座的底部做成抽屉，可以收纳餐厅的各类杂物

⊙ 卡座与墙面柜的造型上下呼应，实用的同时给人以视觉上的和谐美感

⊙ 沿墙体拐角位置而设的 L 形卡座，可以更好地利用室内空间

| 空 | 间 | 魔 | 法 |

04

U 形卡座

> Multifunctional Zone Design

由于 U 形卡座是在原有空间功能区划分的基础上进行的，因此对户型的结构要求会更高一些。其三面的座位安排，真正做到了空间利用的最大化。U 形卡座的造型在设置上相对比较自由，可以选择靠墙安置和不靠墙安置。如不靠墙安置，可以将其设计成一个小型的独立用餐区；如靠墙安置，则可以选择两面靠墙，一面搭配窗台进行组合设计。

⊙ U 形卡座的设计真正做到了空间利用最大化

弧形卡座

05

弧形卡座一般会设置在拐角处或者弧形墙的位置，主要适用于有弧形墙的空间。弧形卡座不仅可以充分利用好墙面形状，而且其弧形的设计，可以让空间显得更为宽广，还能于无形中产生放大空间的效果。弧形卡座由于特殊的圆弧造型，因此更适合为其搭配圆形的餐桌，不仅大气时尚，而且适配度也更高。

⊙ 利用不规则造型飘窗设计的弧形卡座，将角落空间打造成一个休闲区

⊙ 弧形卡座与电视墙造型相呼应，寓意团圆美好

Multifunctional Zone

Design

+ 尚舍生活设计

+ 力设计

+ 上瑞元筑设计

+ 天鼓设计

+ 辰佑设计

PART

7

第七章

榻榻米

集休闲与储物功能于一身

» Multifunctional Zone Design «

如果觉得家里收纳空间不足，设置一个收纳型的榻榻米不失为一个很好的选择。榻榻米相当于一个大型储物箱，过季的床被衣物，或者是卧室的零碎物品，都可以收纳于其中。而且隐形收纳能让室内空间显得更加整洁干净。需要注意的是，家里若是安装了地暖，那么榻榻米下面的空间则不宜作为储物空间使用，以免加热后使存储的物品损坏。

01 榻榻米的尺寸设置

> Multifunctional Zone Design

榻榻米的设计长度一般在 1700~2000mm 之间，宽度为 800~960mm，高度应结合空间的层高考虑，一般控制在 250~500mm 为宜。高度 250mm 的榻榻米，一般适合于上部加放床垫或者做成小孩玩耍的空间；高度 300mm 以下的榻榻米只适合设计成侧面抽屉式储藏；如果高度超过 400mm 则可以整体做成上翻门式储藏。

⊙ 高度 250mm 的榻榻米一般适合于上部加放床垫或者做成小孩玩耍的空间

具体设计榻榻米高度时需要与房子的层高、需要的储物空间的高度来决定。如果房子层高较高，则可以设计 400mm 甚至更高一点的榻榻米；如果层高较矮，则设计的榻榻米高度就要相应地减小。

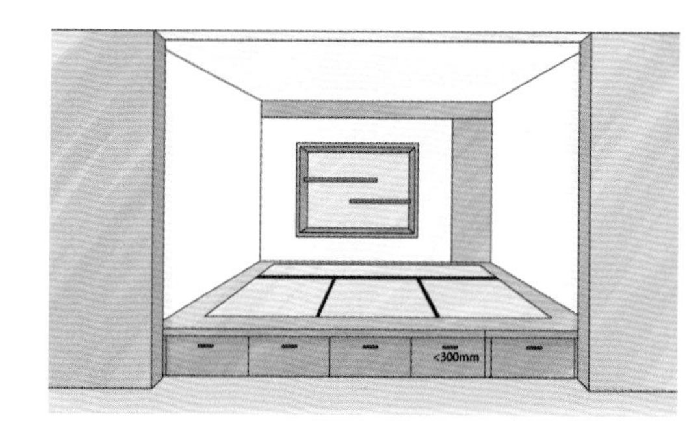

⊙ 高度 300mm 以下的榻榻米只适合设计成侧面抽屉式储藏

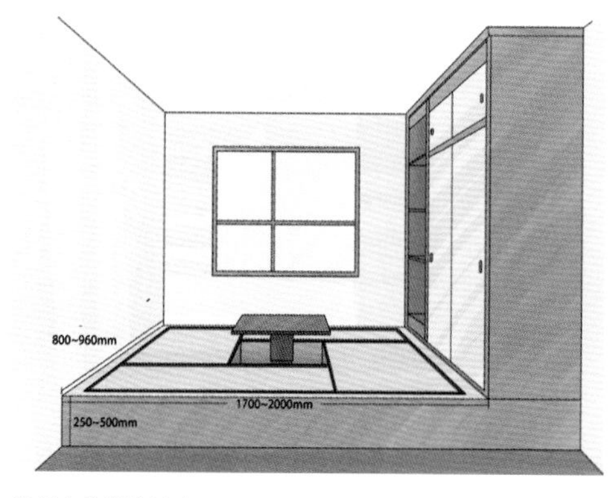

⊙ 榻榻米的设计尺寸

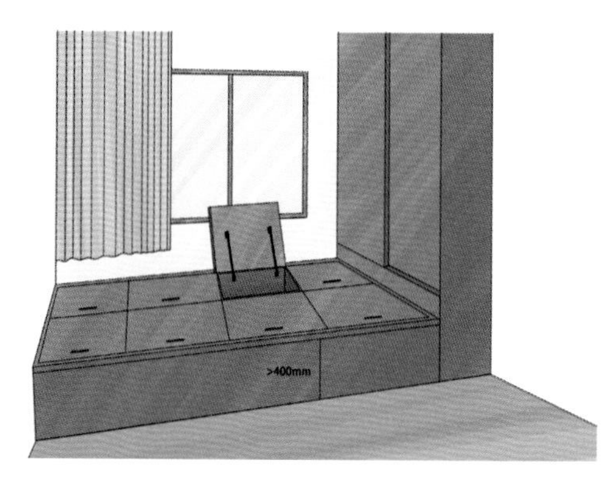

⊙ 高度超过 400mm 的榻榻米可以整体做成上翻门式储藏

榻榻米安装升降台可以提高其使用效率。将升降台升起，可赋予其书房、茶室等功能；而将升降台降下，则可作为一个临时的客卧或者休息区，完美地实现了一室多功能的使用效果。在制作升降台时，应适当预留出腿部活动空间，400~440mm 之间的高度是比较舒适的。此外，在安装电动升降机时，应在底板下排布好随箱的电源线以及电源插口，并开好底板上的出线孔。

⊙ 榻榻米升降台的设计

设计升降台时有几点需要注意：一是升降台是电动还是手动，如果是电动需要预留电源；二是如果设计有升降台，地台的高度要根据升降台的尺寸要求来确定。

⊙ 榻榻米升降台的高度尺寸

02 榻榻米制作材料与工艺

> Multifunctional Zone Design

榻榻米表面应使用一块整板，最好不用拼接的板子，这样就不会有高低不平的情况，也没有裂纹，看上去更美观。内部可以直接用承重的支架加板材做出储物格的划分，制作时可以选择松木、杉木或耐磨板等材料，既耐用又美观。榻榻米席面多为蔺草和纸制作而成，蔺草席面相对来说透气性好一点，适用于卧室和不经常使用的房间。而纸席面的结实，并且具有防水的功能，因此适用于有小孩或者使用频率较高的房间。席面款式既有传统的素面，也有很多具有现代气息的各式图案。在编织手法上，主要有平纹、斜纹、方格、提花等，其标准厚度主要有3.3cm和5.5cm两种。

⊙ 纸席面

⊙ 蔺草席面

很多人在做榻榻米的时候，都是先在地面用木契找平，然后把框架做好以后直接进行安装，这样会导致榻榻米的底板局部落空，时间长了容易产生起拱的现象。因此，可以在要做榻榻米的房间事先做一次自流平。

| 空 | 间 | 魔 | 法 |

03

榻榻米收纳设计形式

> Multifunctional Zone Design

从收纳方面来说，榻榻米常见的有抽屉式和上翻式两种收纳形式。抽屉式榻榻米可以设置多个抽屉，并根据物品的不同种类进行摆放，让收纳更有条理。而且由于可以直接在侧面打开，因此取放物品时也极为方便。此外，抽屉的纵深一般不会大于60cm，因此存储空间较为局限，不能存放体积过大的物品。如果对于储物的需求较大，或者需要存放体积较大的物品，则可以选择设置上翻式榻榻米。在制作时，若柜板长度达1.2m以上，则需在柜板下安装气压撑杆作为助力。此外，在设置底架时一定要进行防虫、防潮处理，并且最好预留几个透气孔，保持底部空气的流通。

⊙ 抽屉式收纳的榻榻米

⊙ 上翻式收纳的榻榻米

榻榻米在空间中的运用

> Multifunctional Zone Design

⊙ 把原飘窗改造成榻榻米，增加客厅的休闲功能

⊙ 宽度足够的客厅榻榻米兼具临时客房床的功能

榻榻米的功能非常丰富多元，它既可以做成休息的床铺，同时还能在上面安装升降式茶桌，添置棋牌桌几等，实现娱乐、休闲一体化式设计。

如果客厅空间不够方正，可以在不规则的角落空间设置榻榻米，再搭配坐垫、靠垫、桌几的使用，不仅能满足基本的娱乐休闲功能，而且还可以充当临时的客房。

卧室中的榻榻米最好分内侧和外侧设计，内侧设计翻板，用来放置一些换季棉被等不常用的物品；外侧则可以设置抽屉，用于放置一些经常需要使用的物品。另外，内侧翻板设计一定要带有气撑功能，这样能让存储物品时的取放环节更加便利。如果在儿童房设置榻榻米，为保证安全，应尽量降低其高度，并与抱枕、软垫、床垫搭配运用。如果在面积较小的卧室空间设置榻榻米，其设计风格应尽量简洁明朗，而且体积也不宜过大，以免让卧室空间显得更加拥挤。如果卧室的面积较大，可以在设置好榻榻米后，再沿着墙面做一层矮柜。矮柜不要做得太高，否则容易形成压抑感，其高度控制在 350~450mm 之间为宜，也不要做得太宽，宽度最好保持在 450~600mm 之间。

⊙ 沿着榻榻米上方的墙面做矮柜

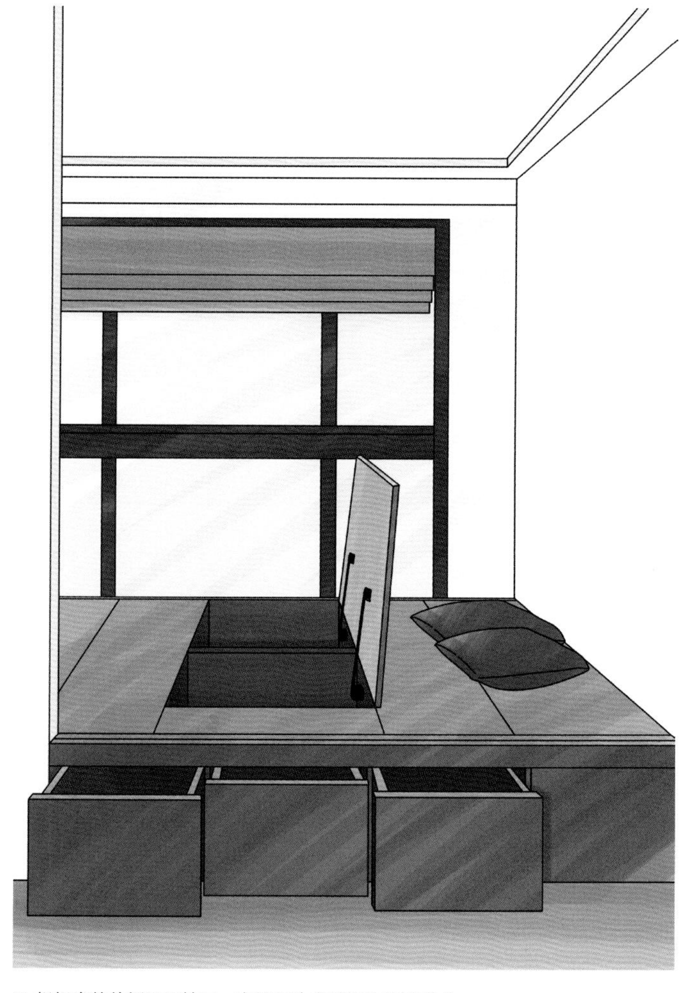
⊙ 榻榻米的外侧设置抽屉，内侧设计成翻板的收纳形式

⊙ 卧室榻榻米的设计让一个房间兼具多种功能，同时也使家中的温馨感倍增

⊙ 在儿童房设置榻榻米不宜太高，应同时兼顾安全性与实用性

对于小户型而言，将榻榻米与书房进行组合设计，能在不占用过多空间的情况下，带来更加丰富的空间功能。比如可以采用书桌、书柜与榻榻米连接的设计，不仅增加书房的储物收纳功能，而且为榻榻米铺上软垫后还能作为一个临时的客卧。如果书房面积过小，则建议直接做成全屋榻榻米，门可以采用日式的推拉门设计。在书房中采用书架与榻榻米一体化的设计，可以腾出更多的活动空间。制作书架时，可以采用封闭式与开放式相结合的设计，在方便书籍和杂物分类存放的同时，还能让书房空间看上去更加干净利落并富有格调。

⊙ 书房运用全屋榻榻米的设计，把房间中的收纳功能发挥到极致

⊙ 书架与榻榻米一体化的设计，可以腾出更多的活动空间

⊙ 书桌、书柜与榻榻米连接的设计，让小空间实现多种功能

Multifunctional Zone

Design

木田设计

+ 辛视设计

+ 朗众设计

PART

8

空间魔法——多功能区设计全攻略

第八章

休闲阅读区

惬意中收获精神食粮

» Multifunctional Zone Design «

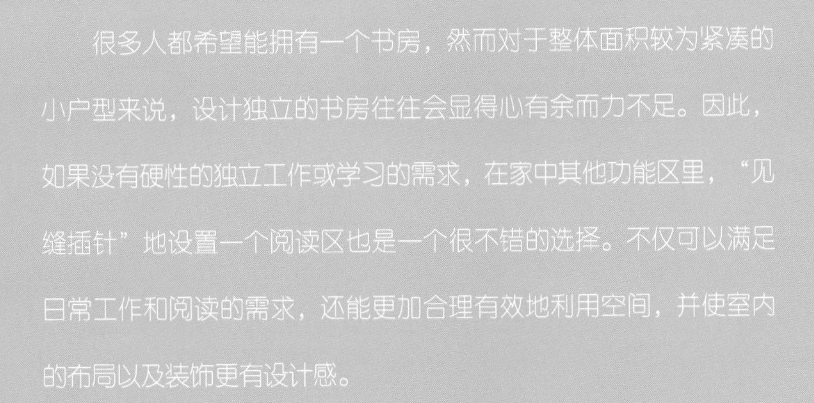

很多人都希望能拥有一个书房，然而对于整体面积较为紧凑的小户型来说，设计独立的书房往往会显得心有余而力不足。因此，如果没有硬性的独立工作或学习的需求，在家中其他功能区里，“见缝插针”地设置一个阅读区也是一个很不错的选择。不仅可以满足日常工作和阅读的需求，还能更加合理有效地利用空间，并使室内的布局以及装饰更有设计感。

01 客厅阅读区

> Multifunctional Zone Design

客厅通常是家中面积最大、日常生活使用最为频繁的区域。因此，根据阅读习惯的不同，打造阅读区的方式也有很多种。如果家中没有书房，可以考虑在客厅沙发附近开辟出一个小小的阅读区，用于满足偶尔的办公与阅读需求。需要注意的是，在阅读区所增加的配置要以不妨碍客厅中的日常活动为原则。同时，在购买灯具时，可挑选具有伸缩和转向功能的产品，以便应对不同角度的阅读需求。如果是在面积较大的开放式客厅设置阅读区，还可以考虑使用吊灯、落地灯以及台灯等灯具进行搭配。不仅可以满足阅读时的照明需求，还能为整个客厅空间注入不少活力。

⊙ 在客厅沙发区开辟出一个小型阅读区，增加一个落地灯满足此处的照明需求

除了沙发区域外，窗户边也是客厅空间设置阅读区的绝佳区域。在其边上放置一张舒适的太妃椅或单人沙发，再搭配矮几、灯盏和收纳架的组合，便是简单利落的阅读区。需注意的是，如果在窗户边上设置阅读区，在搭配窗帘时，最好配以透光性好的浅色面料为佳。不仅可以在强光照射时对眼睛起到保护作用，而且能够为室内引入充足的阅读光线。

⊙ 利用窗边的位置设计阅读区，原木色小家具强调质朴自然的格调

⊙ 金属落地灯与单椅支脚的材质相呼应，表现出十足的轻奢格调

客厅阅读区的常见单椅类型

在家居设计越来越多元化的今天，大型的书籍收纳架已经不再是书房空间专宠。因此，如果家中的藏书较多，又没有独立的书房空间用于收纳书籍，可以考虑在客厅中依附墙面设置一个大型的嵌入式书柜，将众多的书籍整整齐齐地收纳起来。并在书柜旁边设计一个阅读区，不仅可以随意拿取所需书籍，享受美妙的阅读时光，而且还能为客厅空间增添浓郁的书香气息。此外，一整面墙的书柜在客厅既能收纳一些日常物件，而且还能作为展示区，用于摆放一些有助于提升空间品质的软装工艺品。

⊙ 大型嵌入式书柜不仅方便书籍的收纳整理，而且能给客厅增添书香气息

⊙ 客厅满墙的书柜集收纳与展示功能于一体，吊椅的加入给阅读区增添休闲氛围

阅读区一般不需要太大的面积，但作为阅读书写的场所，对于照明和采光具有一定的要求。可以根据实际情况增加顶灯、台灯、落地灯的设计，不仅装饰效果十分美观，而且对于视力的保护也具有一定的作用。如果阅读区的面积较大，除了落地灯、台灯的搭配外，还可以选用造型小巧玲珑的吊灯进行设计。如果是暗色系的墙面，则可以搭配分散的顶灯以丰富视觉效果。根据不同空间的阅读区格局，选择相应的灯光搭配，不仅能够更好地保证阅读环境，同时还能在一定程度上提升空间的设计品质。

餐厅阅读区

> Multifunctional Zone Design

餐厅可以说是家庭成员聚集最全的一个场所，一个良好的就餐环境会给全家人带来好心情。而将阅读区设置在餐厅空间，在享用美食的同时，还能让人获得更多的精神食粮。现在越来越多的人将卡座设计引入到餐厅空间，既实用又有格调。而且只要合理利用卡座，再对其进行适当的变化组合，就能在餐厅里打造出一个舒适实用的阅读空间。此外，还可以在卡座的两侧设计收纳柜，用来摆放书籍以及各种展示品，让阅读区显得更加丰富以及实用。

⊙ 定制的卡座和柜子在提供就餐功能的同时增加了一个阅读区的空间

如果家中是餐厅厨房一体式的设计，可以考虑将料理台延伸出来，不仅能用来就餐，而且还能作为阅读时的书桌，从而为餐厅空间打造出一处温馨且实用的阅读区域。此外，还应合理地在餐台上装置灯光，不仅能满足阅读时的照明需求，还能增添用餐时的浪漫气氛。

餐厅厨房一体的空间，可运用一定的装饰手法在其中划分出一个相对独立的阅读区。比如可以通过顶棚的造型与高低差别，使阅读区与整体空间形成差异。还可以通过在地面铺设不同色彩、不同质地的装饰材料，在视觉上把阅读区与就餐区区分开来。

⊙ 在餐台上装置灯光，不仅能满足阅读时的照明需求，还能增添用餐时的浪漫气氛

⊙ 料理台延伸出来的部分不仅能用来就餐，而且还能作为阅读时的书桌

不少人会选择在餐厅与其他功能区之间设计一个吧台，不仅有改善用餐气氛、放置餐具等作用，而且还可以将其作为一个简单的阅读区。同时，吧台的下部空间还可以用于藏书以及收纳其他物品，因此能为家居承担一定的收纳压力。在设计吧台阅读区时，应以从简为原则，其台面不宜放置过多的书籍，以免让餐厅空间显得过于杂乱，并在视觉上形成喧宾夺主的感觉。在灯具的搭配上，如果用吧台作为客餐厅之间的隔断，可以考虑在吧台上方设置简易的吊灯。不仅可以满足阅读时的照明需求，而且还加强了两个功能区之间的隔断效果。

⊙ 利用吧台作为隔断和小型阅读区，下部空间还可以用于藏书以及收纳其他物品

| 空 | 间 | 魔 | 法 |

03 卧室阅读区

> Multifunctional Zone Design

很多人有睡前阅读的习惯，因此可以在卧室中打造出一个温暖舒适的睡前阅读区。如果卧室比较小，家中的书籍也不是特别多，可以考虑在床头边上放置一个书桌，并在书桌上方设计一个挂墙式书柜。不仅满足了睡前阅读的需求，而且取放书籍也十分方便。在灯具的搭配上，可以选用风格简约的吊灯、台灯或者壁灯来进行组合。由于距离床头较近，因此灯光应尽量柔和，以免打破卧室空间的温馨气氛。富有层次感的照明灯光，不仅能为阅读提供更为全面的照度，而且还能让床头区域更有情调。

⊙ 床头边上设置书桌与挂墙式书柜，打造出一个温暖舒适的睡前阅读区

如果床头边的空间较小，无法设置书桌，可以考虑将阅读区设置在卧室中的其他角落。需要注意的是，阅读区的位置选择，要以不影响卧室空间的动线为原则。对于条件有限无法设置书桌的小型卧室，可以简单地在角落放置一张单人沙发，并为其搭配一盏造型简约的落地灯作为阅读照明。将不起眼的角落空间打造成一个温馨精致的阅读空间。

⊙ 单椅、书柜与落地灯是打造一个完整的卧室阅读区的三大要素

⊙ 兼具休闲功能的阅读区增加卧室的实用性，可调节角度的金属台灯满足此处的照明需求

⊙ 利用床尾空间摆设单人沙发形成阅读区，不影响卧室空间的动线

⊙ 宽度足够的卧室空间，适合在床的侧边设计一个阅读区

如果卧室中有飘窗，可以考虑将其设计成一个小型的阅读休闲空间。只要在飘窗中间摆一张小桌几，并搭配几个软软的团垫，就可以在这个闲适的小空间里尽情享受阅读带来的快乐。而且由于飘窗区域不仅通风采光极好，视野也非常通透，因此如果在阅读的过程中感到疲乏，还可以在飘窗上欣赏窗外的美景。此外，飘窗周围的空间也应对其进行合理的利用，比如可以设置一个组合式的书柜，不仅可以用于收纳书籍，而且还能摆放一些工艺品摆件，提升卧室空间的人文气息。虽然飘窗的采光条件较好，但合理搭配灯具也是十分必要的，除了基础的照明光源外，还可以搭配几盏款式精致的壁灯，让飘窗阅读区显得时尚感十足。

⊙ 利用卧室飘窗设计的阅读区具有收纳展示的功能

过道阅读区

04

> Multifunctional Zone Design

过道在家居空间中一般只用来简单的通行，因此大多数情况下都处于闲置状态。其实只要搭配一张简单的书桌，一个墙面搁架，一把椅子，就能完美地将其打造成一个简单且实用的阅读区。不仅提升了空间利用率，而且还能缓解狭长过道空间的单调感。

⊙ 过道阅读区的设计提高了空间利用率，而且还能缓解狭长过道空间的单调感

⊙ 面积较大的过道适合设置软榻与书柜，让人在这个闲适的小空间里尽情享受阅读带来的快乐

⊙ 幽灵椅和墙面层板的搭配，把死角空间打造成一个休闲阅读区

需要注意的是，过道空间的基本功能是满足日常的通行需求。因此在为阅读区搭配家具时，应以精巧实用为主，以免影响过道的日常通行。书桌的宽度应尽量控制在 25~30cm 之间，同时桌几的边角应尽可能地设计成圆形，以免在日常行进过程中不小心碰到尖锐的棱角。

如果过道空间有高度合适的窗台，可以根据窗台的高度安装一个窗台书桌，将其设计成一个阅读区域。不仅大方时尚，而且由于采光条件好，因此十分适合阅读与工作。

此外，过道旁的墙面区域，也完全可以将其利用起来。如果家中的过道较为狭长，可以考虑在过道的墙面设计一个大型的书架，看书放书都十分便利。而且由于日常生活中经常要在过道空间走动，因此书架的摆设可以提高阅读的频率，不必担心书籍会被闲置。同时，还能为室内空间增添满满的书香气息。

⊙ 利用过道两侧墙面设计书架，看书放书都十分便利

≫

Multifunctional Zone

Design

PART

9

空间魔法——多功能区设计全攻略

第九章

多功能区设计实例解析

» Multifunctional Zone Design «

很多面积较小的户型由于可用空间较为紧凑，需要在家居中的主要功能区外，利用有限的面积，设计出尽可能丰富的功能空间。通过对空间的“腾挪”与“置换”，让原本功能单一的室内空间变得更加实用美观。需要注意的是，在设计多功能区时，必须在遵循室内设计学的基础上合理利用每一寸空间。同时，在注重空间的舒适性与紧凑性之外，还应充分考虑其功能的实用性。

01 休闲娱乐型多功能区

> Multifunctional Zone Design

海藻泥墙面营造生动时尚氛围

半包围的地柜使整个空间成为一体，拐角的台面可作为临时简餐的吧台。淡粉色大理石台面及地砖搭配金色吊灯的元素，营造温馨轻奢的氛围。排烟管用金色涂料装饰与空间色调搭配相统一，纹理质感强烈的海藻泥墙面使空间更为生动时尚。同色系的玻璃格栅窗，使空间内外通透，增加了视觉上延展空间的效果。

蓝色系搭配营造静谧雅致的空间

本案通过蓝色护墙板辅以乳白色壁灯、简约吊灯及个性的茶几造型，营造一隅轻奢风格的阳台空间。旺盛的绿植、白色的花盆搭配金色的支架，简单不失时尚。蓝色系的单人沙发椅与蓝色护墙相配风格统一，咖色的木纹理地板增添了成熟稳重之感。

以原木围合空间 增添生活情趣

原木色榻榻米及格栅式的推拉门，都基于日式的建筑风格。辅以方形小茶几、圆圃、灯笼造型的白色吊灯，充满自然朴实的生活气息。玻璃落地窗搭配原木色吧台及圆形的高脚凳，给人以静谧清心之感，白色纱质窗帘更为这个空间增添了梦幻缥缈的气氛。

结合现代设计元素 打造禅意空间

本案空间主要通过软装给人营造禅意的气氛。木色的顶面、墙面与竹质的茶台相呼应，让人仿佛置身于大自然之中。空间注重氛围营造的同时，也注入了现代简约的风格特点。白色大理石台面搭配白色的百叶窗，为空间带来了一分淡泊之感。蓝绿色的毯子作为亮色点缀，使得空间更为放松、静谧。

以原木打造自然放松的空间

原木色榻榻米搭配卷帘造型的窗帘，营造出古色古香的空间氛围。配合榻榻米顶面做了长方形的镶边顶棚造型，镶边也采用了原木色的材质。床边格栅式的镂空门，为榻榻米增添含蓄的意境，同时迎合了中国古代蜿蜒曲折、若隐若现的处理手法。搭配原木色的桌子使整体风格协调统一。

蓝白色调打造惬意休闲的空间

空间格局属于比较规整的长方形，顶棚的处理简约大方，辅以横向线条装饰，简单而时尚。墙面、地面采用一致的灰白色大理石，辅以软装的金色线条元素，打造简约轻奢的风格。柔和造型的沙发及圆形茶几，弱化了长方形空间的生硬感。蓝色单人沙发作为颜色搭配上的亮点，给人以安静温和之感。蓝白相间的地毯铺设也弱化了空间的硬朗感，并营造出柔和雅致的氛围。

选择满墙式一体柜打造多功能空间

采用满墙式柜体装饰的处理手法，是现代简约风格空间的惯用处理方式。特别是面积比较大的房间，不仅可以从视觉上削减空间的空旷感，同时能使整个空间更加时尚大气，而且兼具了储物和展示的功能。

以简约造型装饰空间尽显流畅之美

室内装饰中，窗台往往是最容易被忽略的地方。本案中窗户面积不大，根据空间布局，合理利用窗户的空间，增加一层兼具装饰与储物的台面，搭配清新雅致的高脚椅，使这一隅空间由呆板变为灵动。

浓重的配色尽显优雅高贵气质

造型独特的深咖色高靠背床具，搭配同色系的床头背景墙，辅以大幅装饰画点缀，营造奢华大气之感。简约的床头柜造型独具现代气息，深色的台面又兼具了典雅的气质。深咖色的飘窗台面与整体风格相协调，窗帘的设置使其成为一个独立的空间。悠闲的午后时光，可在飘窗上阅读、品酒，增添生活趣味。

利用飘窗打造个人休闲空间

在深灰色墙面与黑框整面落地窗的基本架构上设金色壁灯，以波纹壁纸铺设的飘窗作为过渡，搭配棕色皮具沙发和灰黄色窗帘，打造时尚、高雅的低奢空间。利用飘窗空间设计临窗榻，纯白色的抱枕和羊毛毯提升了空间的品位和质感。

搭配大理石地砖
升华空间格调

空间通过灰色、白色、原木色的撞色搭配，形成个性的现代简约风格空间。空间顶面处理错落有致，与墙面、柜体巧妙结合，营造独特时尚的格调。白色大理石吧台兼具衣物整理功能和熨烫衣物的操作空间，侧面做了较宽的檐口形式与色彩搭配风格相契合，简约个性又充满率真的野性。抽象的大幅装饰画增加了空间的视觉吸引力，灰白带有纹理的大理石地砖具有极简高级感的特质，升华了空间时尚大气的格调。

设置榻榻米兼具
休息与储物功能

简洁的白色顶棚以及墙面，为空间带来简约率性之感。榻榻米功能多样，对于面积不够大的房间尤为合适，而且兼具休息与储物功能。棕色的窗帘与同色系的榻榻米及墙面，独具民族特色，为简约的空间增添了异域的别样风情。榻榻米上摆放矮几不仅可以对坐饮茶，亦可作为休闲办公之地。

川设计

发掘阳台空间的休闲娱乐功能

180° 观景落地窗，以自然景色为背景，阳台空间仅以最质朴的白色搭配棕木色，点缀常绿造型盆景为对景，烘托氛围。席地而坐，置茶具、探茶道，恍惚徘徊于天地之间。阳台与客厅采取开放布局，增强了视野的流通性和空间的开阔性。作为隔断的矮柜，既能充当茶水台之用，也可满足放置茶具、储存茶叶等杂物之需。

+ 纳沃设计

榻榻米上设置升降桌提升空间利用率

灰色的榻榻米升降桌搭配浅咖装饰柜，辅以个性的吊钩茶壶，营造了现代简约的空间风格。装饰柜的层板之间都有灯带的铺设，增添了柜体的时尚高雅感。升降桌上的蓝色花瓶作为空间的点缀与整体色调形成对比，增加空间的灵动感。

半开放式阳台
休闲娱乐两不误

本案阳台空间为半开放式，放置休闲桌椅，用作观景露台。阳台尽头设计为花艺植物架，用以培养花木的同时，形成绿植墙装饰空间，打造绿色户外景观氛围。以黑框玻璃推拉门与客厅相隔，保持了视野的通透性，色调用材延续了客厅的主题，和而不同。

柜体镂空设计增加
空间通透性

餐边柜采用层板加吧台的形式呈现，柜体中间的镂空造型增加了空间的通透性，使内外空间形成一定的联系。浅色柜体背景搭配原木色的层板具有清新之感，灰色大理石台面使柜体增添了典雅高贵的气质。咖啡色的圆形餐桌与背景墙颜色呈递进关系，使空间风格大气沉稳。

采用半开放式布局减少空间压迫感

空间整体以北欧风格为基调，厨房部分采用半开放式的格局，一方面视觉感受比较通透，另外一方面能看见家人在厨房里忙碌做饭的样子，增添家庭温馨氛围。空间以灰白为主色调，原木色为点缀色，搭配简约的吊灯、高脚椅，使空间风格更加活泼。

以色彩组合的方式营造古典气质

以古朴的山体装饰作为床头背景墙饰面，两侧以黑色圆形网格造型为对比装饰，打造古典高贵的空间风格。深蓝暗红的床饰搭配，进一步彰显尊贵的贵族气质。以灰色装饰上下檐口的飘窗，形成半封闭的空间，蓝色系的窗帘元素与空间整体的风格相协调。颜色的组合搭配为空间营造出古典高贵的气质。

+ 零次方设计

运用花色瓷砖活跃空间氛围

白底花色的墙面与地面，让人宛如置身在一幅精美的名画之中，丰富而活跃。花色瓷砖铺地上墙，设计大胆，搭配白色地柜和吊柜，营造整洁精致之感。造型新颖的吊灯使整体空间更为简约精致，营造轻奢小资的空间基调。左侧独特的镜面装饰增加了空间的灵动感，且与吊灯的造型交相呼应。

采用榻榻米设计提升空间利用率

空间面积不大，利用蓝、灰、白色扩大空间视觉效果。基于日式榻榻米风格，将立柜和床铺相连，立柜置顶，最大化利用储物空间。墙壁内凹做壁龛，用于置物的同时，不占用原有空间。榻榻米日常作为床铺之外，还可做待客娱乐之用。在同一空间内，自由变化，收纳自如，整洁有序，是当今小户型设计流行趋势。

联排白色吊灯营造禅意空间氛围

深咖色饰面搭配同色系金属栅格镜面，以沉稳演绎现代设计感。大面积镜面的使用，打造出贵气奢华的空间基调。联排白色吊灯造型简约，为空间增添一抹禅意。金色脚架与墨绿色椅面的结合精致又优雅，吧台下方辅以灯带装饰与台面下的灯带相呼应，美观的同时兼具照明功能。空间整体雍容华贵，软装搭配典雅不失大气。

在客厅设置地台打造临窗休息区

通过顶棚及地台的处理，将靠近窗户的区域打造成一个具有休闲娱乐功能的空间。储物柜解决了临时的储物需求，软装通过简约的沙发和圆形茶几营造北欧的风格。原木色的地板与房门颜色相统一，让空间充满大自然气息。辅以漏斗式的小茶几及花色抱枕、艺术插花等作为点缀，为空间增添了灵气活泼之感。

采用一体化设计
充分利用空间

大面积米色加黑色线条的搭配，打造现代简约风格。封闭式的柜体与开放式的柜体形成鲜明对比，满足了收纳需求。经典的层板造型用黑色线条进行收边，简约不失时尚。镶嵌的灯带让柜体在视觉上更显精致，同时增加了光源效果选择。简洁的色彩搭配，一体化的布局设计打造出一个适合学习、待客、休息的多功能空间。

以素净的配色营造
清雅淡然的氛围

灰白色调的墙面给人以平静心安的感觉，造型独特的小矮柜搭配简约时尚的下垂吊灯，为空间增添了时尚感和趣味性。飘窗形成一个半包围的独立空间，悠闲的午后在飘窗上喝茶看书或欣赏风景都是不错的选择。空间整体色调素净，清雅淡然的氛围使人忘却喧嚣。

搭配绿植点缀
为空间增添生机

以拼接撞色的几何图形作为空间的主背景，搭配白色纯洁的百叶窗，活泼而不失理性。阳光透过静谧的百叶窗投洒在背景墙上，营造岁月静好、不负时光的空间氛围。搭配北欧风格的矮桌辅以绿植为点缀，为空间增添了一抹生机。

黑白装饰画营造
优雅艺术气息

空间主要以软装搭配营造北欧风格。米色的飘窗台面辅以明黄、灰色相间的窗帘为装饰，为空间增添了明亮的色彩。以同样明黄色的抱枕点缀空间，凸显了北欧风格温柔明亮的气质。简约的黑白装饰画，使空间散发出优雅艺术的气息。

圆形元素契合
中国传统设计美学

圆形门洞的设计可作门也可作窗，作门可烘托空间中的禅意氛围，作窗则可形成圆形的窗景，半遮挡的绿植为空间增加一抹清新的生命之绿。墙面木色圆形造型的装饰展示架与圆形门洞相呼应，米色的墙壁搭配木色的线条，使空间散发安静诗意的味道。木色的地面设计，进一步加深了古色古香的韵味。

+ 半亩塘设计

搭配酒柜赋予
空间高贵品质

本案中的酒柜以白色为主，金色包边为装饰，酒柜边框以城堡的造型为点缀，营造了低调奢华的风格。台面采用黑色大理石，与白色柜体形成鲜明对比，简约又时尚，搭配高脚绿色绒面靠背椅更显精致的气质。

+ YORO 御融设计

+ 木桃盒子设计

木饰面搭配山水画打造禅意空间

通过月亮拱门，辅以灯笼造型的吊灯，打造充满中国传统色彩的古典禅意空间。榻榻米中央是电动升降桌，集休憩娱乐为一体。整体以原木色为主基调，纱质垂感窗帘使人宛若穿越到了古代。墙面的圆形山水装饰画，与圆形门洞造型相辅相成。

+ 熹维设计

在吧台设置娱乐区轻快灵活不沉闷

浅灰色墙面搭配同色系的沙发，加以黄色抱枕为点缀，营造出典型的北欧风格。半包围的柜体吧台造型，将整个空间分成两个部分。吧台以白色柜体搭配原木色台面，与整体的空间风格相统一，不仅有分割空间的作用，同时还兼具收纳功能。

灰白色大理石台面营造空间高级感

搭配简约个性的顶棚、白色墙面及灰色暗纹饰面，打造出典型的现代简约风格空间。以半遮挡的镂空隔断为分割线，将空间分成两个部分。灰白色的大理石台面，是处理现代简约风格常用的材质，一方面体现了一定的高级感，另一方面营造出高级灰的极简风格，搭配原木色的个性高脚椅柔化了空间严肃的气氛。

+ 鸿泰装饰设计

借助窗外自然景观平添生活情趣

印花图案的窗帘帷幔以褐色包边装饰，体现出浓郁的古典风格。白色的飘窗在窗帘分割的作用下形成一个独立的空间，搭配窗外景致营造清新浪漫的生活气息。黑色的大理石地面，与窗帘颜色相统一，共同营造沉稳大气、低调奢华的空间氛围。

+ 星翰设计

02 储物空间型多功能区

> Multifunctional Zone Design

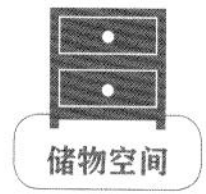

转角矮柜集装饰收纳功能于一身

以灰、粉、白等浅色为基调，搭配原木风桌椅，营造低调、淡雅的空间氛围。落地窗前设计转角矮柜沙发塌，以造型书柜相连，保持空间秩序，装饰美化的同时，具有强大的储物收纳功能。精心打造临窗休闲角，全景落地窗搭配灰粉色调，完美表现柔和淡雅的轻奢小资情调。

采用卡座设计提升空间利用率

小户型中，介于门厅和房间之间的餐厅，不仅需要满足用餐的功能，同时也要充分考虑收纳问题。采用卡座的形式代替传统的一桌四椅，卡座下方可以增加暗柜作为收纳空间，靠背上方则可以设置插座，让其兼具茶水台的功能性，一举两得。上方采用吊柜形式，湖蓝色的墙漆与玫红色的房门对比，增加空间亮点，丰富了卡座和吊柜的装饰性。

利用门洞造型陈设摆件书籍

门框起到分隔两个空间的作用，其造型、样式繁多。本案中将门框改造为储物柜，起到分隔空间作用的同时，还可用于收纳书本、摆件。纯白色书柜与半墙式护墙板组合，配以金属杆、白色铁艺楼梯架，悠然淡雅的书香气息便呈现在眼前。

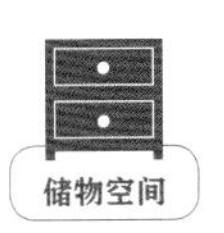

设置榻榻米暗柜确保收纳效果

空间柜门均采用白色木饰面，搭配原木色书桌和床，打造自然简约的北欧风格空间。为了丰富榻榻米房的书桌设计，可取消大面积的书柜，仅需安装吊柜与衣柜相连，直接把书桌延伸到床尾，床尾处也可以充当座位。榻榻米床下的暗柜和抽屉也能满足一定的储物需求，保持空间整洁有序。

+ 构设计

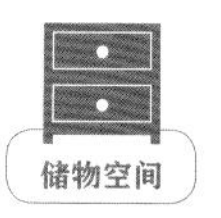

榻榻米与柜体组合让空间利用最大化

空间以原木北欧风为设计基调，大面积的白墙，配以原木家具、网格板，营造自然轻松的居住环境。以墙垛划分功能区域，临窗空间的主要功能是卧室，榻榻米床贴合四周墙壁，同时设置暗柜以及抽屉式柜体，让空间利用最大化。通过灰色组合线条背景墙，搭配深蓝色绒布沙发，使之有别于卧室空间，凸显低调时尚的空间氛围。

+ 周留成设计

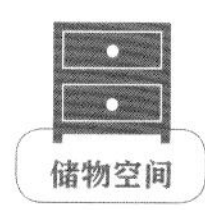

利用卡座抽屉提高空间收纳能力

设计“L”形棕色皮面卡座，搭配一桌两椅，让餐厅在转角自成一区。不同于传统组合桌椅，卡座下部可设计成抽屉式柜体作为隐藏储物空间，同时提高了可容纳人数。以灰色为色彩基调，用餐空间简约，点缀红色挂画、灰绿色餐椅，辅以黄色花果，使空间颜色跳跃，并让用餐氛围也更加愉悦。

储物空间

空间主题

采用一体化床柜可避免小空间设计的局促感，以及功能布局不完备的弊端。同时黑白简约搭配使得空间视野开阔，且不失时尚美感。

硬装设计

简洁的方形顶棚，用双层石膏线条丰富韵律，并与墙面木板上的线条勾勒新古典的精致细节。避开了吊灯的使用而采用柔和的光带，让空间更为舒适温馨，配合点光源的射灯，另小空间舒适而不凌乱。台灯和柜内的发光隔板，丰富光的层次，简单而不失细节。黑色线条的点缀，打破了传统的思路，个性十足。

配色重点

白色为底，黑边为框，配以红棕色漆面地板，延伸空间视觉感，打造时尚美观和实用性兼具的现代居室。橱柜的灯光透过玻璃配以白色让空间充满清新感，咖啡色的布艺窗帘让宁静的空间多了一分沉稳。

软装细节

小空间采用组合式布局，采用靠墙设置的书桌，背后整面墙的书柜，靠窗设置一卡座，临窗而憩，无形中提高了收纳功能，左接开放式橱柜，大小、高低错落的隔间满足基本的置物需求，亦具有装饰美观性，实用与美观兼具；作为客卧、书房、游戏间皆可。

+ 罗延造设计

储物空间

空间主题

在小户型空间中，利用一体化橱柜实现强大收纳能力的同时，极大地节省了空间，且功能完备，可进行定制。

硬装设计

利用飘窗台的空间，在下部设计暗柜，用以收纳杂物。配合整体设计，在贴着飘窗的拐角之处打造储物柜，可放置书本、摆件，也使临窗空间更具整体性。飘窗的两侧对称布置壁灯，让两侧的书柜更为生动。靠墙设计榻榻米床，方便小憩阅读，也可用作客卧，床底有抽屉式柜体，增加了储物空间。

配色重点

白色顶面墙搭配整面靠墙的榻榻米床。给室内创造了静美之感。蓝红相间的颜色点缀，活跃了空间氛围，淡雅中不失活泼。

软装细节

白色动物的书架，配合热带气球壁纸，动感十足。中国红的布艺窗帘，点缀在以白色为主的飘窗中间，成了整个空间的视觉焦点，同时也有效地呼应了抱枕色彩。

抬高式榻榻米满足小户型的功能需求

本案空间狭窄，临窗而建的抬高式榻榻米，在同一空间内一物三用。置茶几、软枕，化身谈天品茗的休闲之所，而铺床褥，则可变为独立的睡眠空间。下部中空做矮柜，作为储物空间，可谓物尽其用。房间内仅留下一条过道的距离，用以通行或开合柜门，其空间利用达到了极致，同时以米白色为基调，开阔了空间的视觉感受。

利用边角空间收纳书籍杂物

将阳台窗户框架向室内延伸，拼接组合为造型书架，并充分利用边角空间，收纳书籍杂物。设地台置茶具，再搭配白色百叶窗，打造明亮自然的休闲空间。客厅沿用黄白色系，搭配灰色布艺沙发，点缀花束绿植，营造简约素雅的起居空间，整体空间通透融合，轻松明快。

+ 尚舍设计

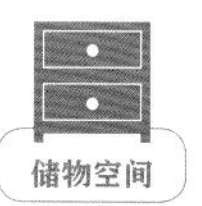

全屋一体化设计 兼具美观与实用

本案采用全屋一体化设计，将书桌和飘窗、书柜进行组合。在工作学习之余，可用于放松小憩，还可以用来收纳书本办公用品。结合立柜、矮柜强大的收纳功能，可作为书房及储藏间使用。空间以雾霾蓝为主色调，营造沉稳安静的环境氛围。一体化的装修风格，可增强空间的美观度，同时提升整体家居的品位。

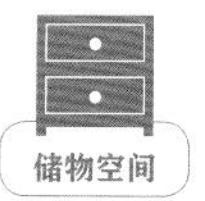

充分利用底部和顶部 扩展储物空间

以黑白色调搭配浅棕色，打造时尚简约的空间风格。黑色漆面组合立柜，中部镂空设卡座。背景墙和餐桌均为浅棕色漆面，像是从墙面上翻转下来的内里，黑白格子地毯即是翻转散落的漆面，矛盾而又互相联系，成为一个整体。充分利用底部和顶部的空间，使得储物空间最大化，造型独特，不似整墙立柜那般呆板。

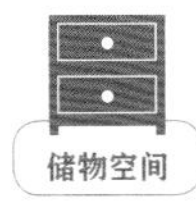

空间主题

将书房和卧室功能相结合，又可作为游戏阅读房。榻榻米与书柜相连，将空间利用率最大化，原木风设计尽显书香气息。

硬装设计

以原木色方框划分空间，顶棚错落形成层次高差，靠墙留有一条光带，柔和了墙面与顶面的交界。两侧柜面线条处于同一平面上，故而空间序列整齐统一，线条延伸感强烈。榻榻米一侧以暗门来做背景，增加了空间收纳功能，对面采用开放式的发光书架增加了空间的通透性。底部设暗柜，充分满足储物需求，同时兼具休息、阅读、娱乐等多种功能。

配色重点

原木色榻榻米，搭配本色木地板，为室内营造出一分宁静之感，同时也呼应着两侧壁纸书架的艺术色彩，有效地互动了阅读空间。

软装细节

榻榻米外侧两面墙均采用书架造型的壁纸，给人视觉带来空间的延伸。白色的墙壁让沉闷的阅读空间多了分温馨，落地台灯为空间增添了时尚感。床头上的绿植呼应着布艺饰品的色彩，同时为空间带来了一丝小清新的感觉。

储物空间

空间主题

以蓝黄色调搭配金边装饰，飘窗沙发塌兼具储物和休闲，营造温馨时尚的美式风格空间。

硬装设计

采用方形顶棚暗藏柔和的灯光，搭配重复的线条勾勒细节。墙面采用米色皮革硬包并用线条呼应顶面的线条感，齐腰的金属板与床头悬挂的个性吊灯相辅相成，突出墙面造型。巧妙利用飘窗空间，沿窗设假窗台，上铺软垫供以小憩，台下中空设暗柜，增加储物空间。同时矮柜两侧与立柜相连，立柜柜体置顶，加大置物空间且无卫生死角。墙面空间合二为一，宛若天成。

配色重点

白色为主的顶面，搭配米黄色的背景墙以及棕色的木地板，以三大色调渲染了空间的色彩。布艺以蓝色系为主调，冷色可扩大空间视觉效果。点缀黄色织毯、金色线条，横向线条可延伸空间感，使整体空间不显局促。

软装细节

采用传统的家具布局方式，床的两侧对称摆放床头柜，床头墙布置以运动器材为主题的装饰画，营造一个阳光活泼的男孩空间。顶面的水晶灯给空间增添了几分艺术色彩，同时呼应着床头两侧的吊灯与挂画，吊灯的柔光也温暖了整个卧室。地面用蓝色系几何图案的地毯呼应软装布艺，让整个空间丰富多彩的同时保持色调的统一性。

+ 信实装饰

储物空间

一体化飘窗设计 增强空间使用功能

空间中的飘窗采用了一体化设计，中间置榻榻米矮柜，下部增加储物空间，两侧设收纳格，用于摆放艺术品和书籍，也可起到装饰空间的作用。客厅空间以墨绿、纯白为基础色调，双层电视背景墙两侧对称，下部镂空作置物架，点缀金色壁灯，与飘窗空间融为一体，体现高贵典雅的空间基调。白色围栏将空间单独划分，自成一处待客休闲之所。墨绿色绒面沙发点缀其间，淡雅中不失时尚感。

储物空间

巧用窗下空间 增加储物功能

非落地窗的窗下空间，受高度的限制，可设计成飘窗坐凳。既能休憩小坐，在下部设矮柜，又能增加储物空间，并在无形中丰富空间层次感。蒂芙尼蓝色的网格状柜门搭配栅栏弧形窗，点缀手工编织篮，颇具田园风情。辅以白色系软装、墙面，使空间显得利落、明朗。

储物空间

亮色点缀可扩大户型的视觉空间

本案空间基于现代工业风格，暴露原始楼板结构，混凝土肌理搭配黑色轨道灯，尽显简约粗犷之风。以浅灰色为基调，点缀亮黄色活跃空间色彩，黄色铁架床以色彩对比划分功能区域。临窗入墙式矮柜，可作沙发榻，搭配浅棕色餐桌共同打造公共客餐厅空间。整体空间视野通透流畅，功能完备，于无形中增加了储物空间，并减轻了小户型空间的凌乱感。

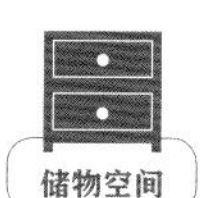

储物空间

巧设卡座提升异形空间利用率

贴合墙壁设计“L”形白色木质卡座，搭配金属茶几和分子吊灯以及纯白色系的色彩基调，奠定了朴实、淡雅的空间风格。卡座底部设计为抽屉式矮柜，可大大增加储物空间，搭配圆几、黑色造型椅，既横向扩大视觉效果，使空间不显得狭长拥挤，又充分利用了边角空间，最大限度挖掘了空间潜能。以卡座代替传统一桌四椅，不仅能贴合空间异形，还能提高可容纳人数，兼具美观与实用功能。

空间主题

日式榻榻米的设计，使空间的储物能力大幅度提升，同时可灵活变换空间功能。天蓝色和白色的冷调，扩大了空间的视觉效果。

硬装设计

采用床柜一体化设计，榻榻米床中间的岛台可升降，在床铺、茶座的功能模式中自由切换，床底有暗柜，储物空间充裕。对景墙以蓝紫色为背景，布局呈规则式对称，加强仪式感。两侧壁龛式收纳格，可放置书本、艺术品，让整个空间看起来更有层次，并起到装饰美化的作用。

配色重点

空间以蓝色系为主要色彩基调，搭配金边白色护墙板，营造清雅宜人的空间氛围，整体感强烈。居中摆放的蓝色白边几，搭配中央点光源，凸显空间高级质感。

软装细节

暖色系的光照为蓝色空间增添了一丝温馨，墙上抽象的风景画，呈现出以小见大的场景感，光的色彩也正好迎合了挂画上的黄色边。

储物空间

白色衣帽间让空间柔和又显开阔

衣帽间临窗一侧，为防止遮挡视线，又想充分利用空间，因此在窗台下做一排矮柜，一作收纳之用，二可当沙发榻，一举两得。衣帽间多面积不大，故以白色为主，配以浅棕木地板，点缀亮色软装，使空间柔和而开阔。白色百叶折叠窗，既不遮光，方便室内活动，又可以保证绝对的私密性。

储物空间

床与矮柜组合无形中增加储物空间

以灰白两色搭配黑色轨道灯，以楼板原始地面形成混凝土肌理顶棚，三面围合，打造现代工业风。床与矮柜连成一体，下藏暗柜，无形中增加储物空间的同时，还带来了一物三用的效果。分别可用作坐凳、床头柜、床边过道，并饰以和地板同色系的木饰面，中和空间冷调。空间中软装摆件少而精，不冗杂，契合工业风格的基调。

储物空间

飘窗搭配柜体 提升空间收纳功能

空间以蓝白色调为主，扩大了空间视觉效果，线条勾勒的双层顶棚，富有层次却没有繁缛压迫之感。将阳台区域设计为飘窗柜的形式，既可满足日常休憩、娱乐之需，塌下也可设计为矮柜，大大提高了空间储物能力。

储物空间

组合式玄关柜 满足入户出门的需求

大门玄关处通过橱柜的变化组合，集多种功能为一体。矮柜不仅可作为鞋柜，而且其高度适宜，能充当坐凳，方便穿鞋；吊柜可收纳杂物，开放式隔间可放置钥匙等必需物品；入墙式玄关柜与墙面融为一体，和谐美观。由于入户区域较小，易积灰尘，因此搭配掩门柜，能让收纳物品免遭灰尘的侵袭。

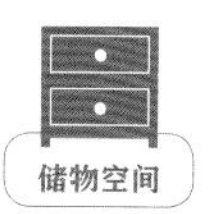

组合式收纳设计维持空间整洁感

本案中处处可见对空间的组合利用，入门玄关柜集收纳、坐凳、衣帽架等功能为一体。通过卡座搭配红木桌椅划分餐厅空间，且向公共空间自然过渡。卡座下部及两侧立柜均可用作收纳，维持空间整洁。以饱和度极低的灰绿色，搭配白色墙面和深棕色地板，辅以隐形谷仓门的造型，营造出清新自然的田园风情。

延伸抽屉式收纳柜打造多功能空间

临窗打造置顶收纳柜，下部为抽屉式柜体，兼具敞开与封闭的功能使用，并由此围合了飘窗小空间。为达到空间利用最大化，延伸抽屉式收纳柜，搭配软垫将其作为坐凳，打造出灵活多变的功能空间。空间以白色系为主调，用墨绿色做点缀，搭配黑色软装，意在打造沉稳、雅致的低奢风格。

空间主题

“L”形灯槽和卡座上下呼应，围合线性空间，提供充足收纳空间的同时，可作为小餐厅聊天会客，设计巧妙且功能完备。

硬装设计

以“L”形橱柜加卡座的组合围合空间，形成一方谈乐之地。以栅格为界，左侧是米色大理石饰面的茶水台，搭配同色系地砖，营造轻松的休憩空间，设置吊柜和地柜，满足家庭收纳所需。右侧以卡座代替传统桌椅组合，一来下方可做抽屉，增加储物空间，还提高了可容纳人数；二来作为开放空间，深咖色木饰面配以墨绿色软垫，卡座连贯的线条和深沉的色调，加强了空间界限。侧边摆放的棕色边几，起强化作用的同时，也可作简易茶水台之用。

配色重点

厨房的顶面采用白色石膏吊顶，搭配同色系的地砖，呼应着原木色的一体式的壁柜，营造轻松的休息空间。深咖色木饰面配以墨绿色的软垫，调节了空间的色平衡，同时也给空间带来沉稳的氛围。

软装细节

“L”形光带柔化了空间，同时与下方“L”形的橱柜相互呼应。吧台上方的个性吊灯不仅是一个酒杯架，更是突出空间现代、自然格调的装饰陈设品。吊柜下方暗藏线条光源，结合顶面的点光源，让空间富有充足的光照。花与高架杯放置于厨房的小餐桌上，给空间营造出十足的浪漫感。

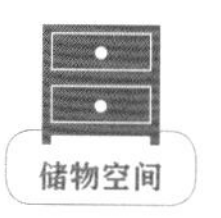

步入式飘窗提升空间的储物功能

本案空间的特色是有三面玻璃的步入式飘窗，大块采光玻璃和宽敞的窗台，使人有了更广阔的视野，以粉色调加以修饰，赋予其浪漫的情调。左侧置顶立柜，表面饰以浅棕色城堡造型木饰面，呼应空间浪漫主题，同时与飘窗皆具强大的储物功能。

一体化床柜兼具美观和实用功能

采用床柜一体式榻榻米，增加了储物空间，侧边与衣柜相连，可收纳衣物被子。与衣柜一体的书架下方是个小书桌，一方小空间，却功能满满。既能当卧室，又能作书房，一举多得。由于户型狭长，采用简约顶棚线条，减少空间竖向压迫感。原木简约风点缀灰绿色软装，打造自然惬意的空间氛围。

家庭办公型多功能区

03

> Multifunctional Zone Design

巧借室外风景营造富有情趣的办公氛围

将飘窗设计成办公区，90° 拐角恰到好处地形成两个办公桌。室内以素雅的高级灰搭配着黑白相接的办公椅，筑起一个稳重大气的空间。窗外的景色犹如一幅风景画挂在室内，焕发出生机勃勃的气息。软装的配饰更有效地诠释出空间的浪漫感。

将书桌依窗而放 实用且不失温馨

将卧室一角的飘窗设计成了一个小办公区。一面有着马赛克的装饰墙，为室内营造了别样的艺术风格，其马赛克与玻璃门以及床上的布艺用品起到了呼应效果。窗外的景色呼应着室内的留白，为室内抹上了一道白光，营造了干净明亮的环境。办公桌上的绿植给空间增添了生机的同时也带来一分小清新。

胡桃木色彩为办公区 营造静谧氛围

半截水泥墙将客厅划分为两个区域，由两块木板与水泥墙组建了一张简易的办公桌，显得别具一格。书柜也是采用多功能的设计，可收纳不同的物件。灰色的电视背景墙正对应隔断水泥墙的色彩，有效地诠释出工业风的设计。硬朗的装修风格与胡桃木的色彩搭配，为办公区营造出一种静谧沉稳的氛围。窗台下的榻榻米连接了书桌和书柜，保持整体性的同时增加了储物功能。

家庭办公

空间主题　模糊空间边界，打造两个不同的功能区域，使空间不过于空旷的同时，增加设计律动感和层次递进关系，并且让纯白空间避免过于单调乏味。

硬装设计　大面积白色系墙面辅材以原木色地板，并选用吸顶灯，让空间通透无遮挡，空间视野开阔。桌椅、边几皆选择简约线条式，清爽利落。灰色木饰面的储物柜一分为二，高低错落的隔板形成多类置物空间，收纳书籍和艺术品。整面双开门保证隐私性的同时，提高空间的整齐性。

配色重点　灰色木饰面桌椅既能作书桌办公，也可满足简易就餐之用。白色系墙面搭配白色地毯、电视柜、茶几等家具，再点缀绿色盆景，营造轻松、舒适的起居空间。

软装细节　化零为整的装修使客厅更具有通透感，原木色地板与以白色为主色的墙壁，再加上绿植的点缀，为室内营造浪漫又不失情调的氛围。

+ 北鸥设计

空间主题

针对狭长压抑的空间，采用打通扩大重组的布局设计，在统一中改变空间的动线节奏。

硬装设计

空间中出现走廊夹道时，会给人一种压抑不便的感觉。本案为打破该类户型的弊端，将一侧设为公共空间，开放式布局在视觉上可减弱狭长压迫感。一体化的木质书架，上设收纳格储物，中部悬空用作书桌，供学习办公之用，达到一橱多用的效果。

配色重点

灰白色地砖一体化铺设，配以白色线条吊顶，更显空间简约统一。空间对景墙以玻璃砖修饰，避免空间呆滞单一，增添时尚雅致之感。

软装细节

室内的弱光为空间营造出沉稳静谧的工作氛围，同时也与长廊边的白色木门起到了呼应效果。边置黑色铁艺架画板，更添意趣。

+ 北鸥设计

多功能收纳柜实现储物及展示功能

采用一体化设计的背景墙，为办公区创造了一面多功能的收纳柜。中间开放的装饰柜可摆放很多不同的装饰品，便于欣赏。办公桌上方的吊灯线，彰显出另类的艺术美，并且对应着线条式的布艺窗帘，营造出一种沉稳静谧的氛围，在这里办公倍感舒适。

利用理性色调营造沉稳的办公氛围

由理性色调搭配硬朗的空间线条，营造出沉稳的气息，并为工作氛围带来一分宁静。室外阳光透过落地窗直射木地板，为硬朗的空间带来了一丝温暖。灰色的背景墙搭配白色顶面，再穿插着黑色线条，很好地诠释了工业风的气质。

+ 禾观空间设计

利用黑白灰色调打造办公区

本案空间的色彩以黑白灰三色调搭配，呈现出浓郁的工业风格调。几种不同款式的灯具，满足了不同区域的照明需求。一盏红色台灯为冷的空间增添了一分暖意。吧台上红酒杯与咖啡杯的结合，体现出屋主是个有品位的人。地毯的色彩与柔和的灯光也为室内增添了温馨感。

用飘窗作书桌具有良好的采光

采用飘窗与桌面创造一个别致的办公区。整体色彩搭配以暖色系为主，米灰色的布艺窗帘搭配白色墙壁，营造出温馨的氛围。加以米黄色的办公椅，又为空间增添了一丝暖意。天文望远镜在夜晚与窗外的天空互动着，书桌移动轨道的装置十分灵活，而且便于窗户的开启。

空间主题

在小户型卧室中，衣橱一体化能最大程度地提高空间利用率，且功能完备，满足空间使用的基本需求。

硬装设计

小户型空间的设计既要满足基本的功能需求，又要整洁利落，不过于冗杂。选用原木色木饰面和白色系作为色彩基调，打造简约北欧风格，采用橱柜一体化，便于置物的同时，也可用作书桌供伏案办公之用。中部镂空，顶部置吊柜，利用隔板作置物架，增加书籍和杂物的收纳空间。推拉式柜门节省空间，采用抽屉式组合柜体的布局，可满足各类衣物的收纳需求。

配色重点

整个室内的色调以暖色系为主，由台灯射出的柔光为室内营造出一分温馨感。灰色布艺椅子为暖色系的空间增添了一分静谧的氛围。

软装细节

置物架上的装饰品给宁静的空间创造了生动感，床上的布艺用品给室内带来了干净清新的环境，同时与衣橱的衬衫产生了互动效果。

延伸电视柜充当办公桌功能

电视柜的拉伸与墙面无缝对接，构建成一张办公桌。采用不规则的线条做暗藏的柜门，保证储物功能的同时美化空间。卧室的色调以沉稳为主，咖啡色的屋顶与地板的颜色相呼应，暖色系为卧室增添了温馨感，而硬朗的装修风格又为卧室营造出一分静而稳的氛围。室内光照采用几个柔和的小顶灯，与电视背景墙产生了呼应效果。床上的床品色调完美地融入了整体的氛围，一个舒适的环境既便于休息又便于办公。

借助自然光源为办公区营造静谧氛围

坐落于飘窗下的办公桌，一块胡桃木板架在两头壁柜之间，巧妙地构建了一张办公桌。蓝灰色背景墙为屋里增添了一道亮点，灰色办公椅与背景墙产生了呼应的效果。床头上方的挂画为卧室营造了视觉的焦点，办公桌的绿植在光照下为室内带来生机。白色布艺窗呼应着床上的布艺用品，显得清新柔美。为室内营造了温馨，为一间多用的卧室创造了舒适的环境。

空间主题

灰调现代工业风，凸显家居时尚个性的同时，加强了空间层次递进。依势而为的排列组合，自然地划分出了功能区域。

硬装设计

整体以现代工业风为设计基调，设计灰色混凝土肌理搭配镜面，打造低调时尚的个性空间。以墙垛为界，通过铺设不同的地板材质，营造不同的空间氛围。厨房一侧以深灰色漆面橱柜，搭配置顶镜面墙，扩大视觉效果的同时，丰富了空间层次感。采用水泥灰的原始顶棚，搭配明装射灯突出了空间的层高。

配色重点

顶和墙以及橱柜均以灰色构成背景色，地面采用温润原木色作为前景，搭配深色的椅子跳跃其中，淡灰色的亚光窗帘丰富灰色的层次，银色镜面的使用提亮了空间。

软装细节

少即是多的软装理念，摒弃多余无用的装饰，让整体空间更干净通透，体现低调的品位。依托墙垛，设大理石面吧台作书桌之用，临窗设计凹槽作书架，摆置书籍杂物，兼具办公学习两用。暖色的灯光为室内照出了柔和的一面，并在硬朗中增添了一分温馨感。

+ Alex Gulesha 设计

木饰面结合水泥墙打造刚柔并济的空间

硬朗的工业风设计营造沉稳的空间氛围。本色木饰面的墙壁，为硬朗沉稳的办公区增添了一分暖意。多功能壁柜可以有效地收纳物件，装饰柜也不凌乱地集中在一块区域，便于摆放与欣赏。几盆绿植的点缀不仅有利于净化空气，还为室内带来一分生机。

禅意元素为空间增加宁静氛围

多功能办公书房和卧室的一体化设计，有效减少了空间的拥挤感，在中性的色调设定下，白色的办公桌与高级灰背景墙的搭配，能更好地烘托出沉稳静谧的氛围。书桌上层的小香炉、佛手以及莲花灯等富有禅意的摆件，点缀出了中式元素的韵味。并与墙上的落叶产生了呼应，温馨不失大气。

空间主题

本案是最具代表性的北欧空间，氛围轻盈灵动，讲究一体多用化，虽然简洁但充分符合功能需求。

硬装设计

墙面设计为白色砖面纹样，自然的气息扑面而来，采用木作搭配黑棕色铁艺收纳架以及黑框挂画，清新自然感尽显。窗台与书桌一体化，简洁实用。亮黄色布艺椅既活跃了空间色调，又节省空间。抽屉式柜体增加储物空间，整体满足办公读书的收纳需求，兼具书房起居两用。

配色重点

空间以白、灰、棕三色系为基本色调，打造纯净自然的北欧风格。一幅黑白色及富有意境的挂画，为室内空间增添了艺术色彩。墙上的展示架不仅便于收纳书籍，还为空间增添了一丝艺术感，并与挂画存在着呼应的效果。

软装细节

富有质感的灰黑色床品布艺，与墙上的挂画相互呼应，给空间创造了一分沉稳宁静的氛围。尽显自然的树杈形衣架集装饰与功能为一体，并与白色的铁艺台灯遥相呼应。中性灰色的床品与窗帘，显得清爽利落。

巧借室外景色为空间带来生机

采用一块原色的木板，在飘窗与壁柜之间构建一张办公桌。柔和的光照给室内增添了温馨气氛，窗台上抱枕的色调与床上的布艺相互呼应，搭配素雅的窗帘，为室内营造出一分沉稳的气息。窗外的景色透过玻璃呈现在室内，为空间带来了勃勃生机。壁柜旁的涂鸦让空间散发着浓郁的艺术气息。

利用色彩呼应强调空间装饰主题

红色文化砖的工业复古空间，猫王为主题画切入其中，提炼蓝色为主要色彩，贯穿家具和软装布艺。空间的主要色彩可以从一幅画上提炼，保持统一色调，同时呼应主题。灰色的现代沙发，营造了一个专属个性的男性空间。临窗的地柜连接简洁的书桌，有效地节约了空间，并增加储物功能。懒人沙发呼应灰色布艺沙发，舒适而慵懒。

家庭办公

在异形空间设计桌板增加使用功能

一张弧形的办公桌卡，在多边形窗之间创造了一块办公区。咖啡色的窗帘与床头装饰墙的色彩与格调，都存在着呼应关系。计算机的蓝色显示屏为空间增添了一道亮点，迎合着桌上的相框，软装中的布艺色彩呼应着背景墙的色彩，给室内空间带来了温馨感。卧室采用了多个小圆筒灯，为沉稳的空间增加了饱和度。墙上的挂画为室内营造了艺术氛围，呼应着地毯上的画风，显得宁静安逸。

木色办公桌为室内增添温馨感

采用原色木板，以围合的形式打造一个办公区。本色的木地板与办公桌的色调相呼应，柔和的原木色为室内增添了温馨感。灰白色的壁柜对应着床上的白色布艺，为空间带来干净明亮的环境。装饰画呼应着工艺摆件，为室内增添了艺术气息。黑色窗帘与壁柜边的黑色辅助线条，为室内营造稳重宁静的氛围。

空间主题

通过冷色调打造高雅静谧的书房空间，氛围平和的独立空间更能提高办公学习的效率。

硬装设计

顶部以线条为装饰，对应墙面与家具的细节，并以对称的家具布局方式打造典雅精致的古典空间。暖气片暗藏在窗台下方，美观而不突兀。弧形屏风作为隔断分隔了空间，围和了书桌摆放的空间。繁复纹样的双开门以简欧风格为基础，打造出典雅、静谧的家居办公空间。

配色重点

以白金色为主，配以造型别致的边几以及对称的古典油画，提升了空间的艺术性。点缀莫兰迪蓝色系的窗帘、地毯和座椅，打破因对称布局而带来的生硬，让空间更多一分柔和。吊灯的线性材质，温柔了一方天地。

软装细节

书桌的弧形线条流畅，造型新颖，格栅饰面的屏风围合空间。独特的工艺使圆柱形吊灯展示着欧式风格的美学，同时呼应着护墙板上的挂画。优雅端庄的空间呼应着主人的沉稳形象。

+ 御见设计

灰蓝色背景为工作区营造清新感

一张白色办公桌将空间划分成两个区域，白色的顶面与办公桌的色调相互呼应，为空间营造一个干净明亮的环境。灰蓝色背景墙为室内增添一丝清新感，墙上的挂画对应着地柜上的画板，给室内带来了艺术美。茶几上的绿植给空间营造了生机，同时与办公桌上的绿植形成了呼应。原色木地板搭配沙发的色彩，让空间充满了温馨。

+ 极简室内设计

一体式办公桌让空间更为干净利落

简约而不简单的卧室空间，一道玻璃隔出一间办公用的书房。床头背景墙采用一体式办公桌，床上床下办公都有桌可用。卧室的色彩以黑白灰的色调为主，营造出沉稳安静的办公氛围。黄色椅子对应着抱枕的色彩，为室内增添了一丝温暖。

+ 思维空间设计

清新的配色能提升办公效率

室内采用大面积的绿色为空间增添了勃勃生机，也同时给空间带来清新感。简约的装修风格给空间带来视觉上的通透效果，白色办公桌在色彩上呼应着卧室门、吊柜以及床品，给空间带来干净明亮的环境。黄色布艺窗帘给空间创造了温馨感，那一抹蓝的凳子给空间营造了视觉上的焦点，胡桃木地板则为空间营造了一分沉稳的气息。

+ 大谷设计

书桌与衣柜组合让办公区更生动有趣

连接壁柜之间的办公桌，为空间创造了整体性。白色壁柜与白色花瓶起到了呼应效果，给室内带来干净明亮的感觉。灰色办公桌的背景墙与软装布艺相互对应，富有端庄稳重的气质。墙上的挂画、办公桌上的艺术摆件以及六边形的花瓶，为空间营造出了一分艺术气息。

空间主题

以优雅的冷色调打造高雅静谧的书房空间，温馨舒适的环境能营造更好的工作氛围。

硬装设计

优雅端庄的格调，让这张办公桌成了卧室里的一道亮点。飘窗下方设计一张大长桌还伴有抽屉与柜，便于收纳办公和家庭小物件。飘窗两侧的展示柜，可摆放一些装饰品，使办公区没有凌乱感。书桌下方悬空也不显压抑，通长的造型方便两人同时使用。

配色重点

一体式书桌的色调以白色为主，为空间一角营造宁静的办公环境，黄色的点缀活跃了空间的色彩，为室内带来了温馨感。

软装细节

打造浪漫法式临窗空间，白色书桌搭配黄色布艺座椅和黄色饰品摆件，营造温馨的空间色彩。藏青色的布艺窗帘与白色相撞，为宁静的空间增添了一丝优雅，也为空间增添一抹高级质感。

打造干净明亮的几何图形办公区

以高低有序的木条板构建一块办公区，绿色的书柜给空间增添了一道亮点，同时也为空间带来了生机感。绿色办公椅与书柜的颜色相呼应，几何图形的书柜与地毯上的图形起到了呼应效果。本色鱼骨纹的木地板给室内增添了一分温暖，其浅白色对应着地毯的色彩，给空间带来了干净明亮的环境。

搭配干净利落的百叶帘有利于思考

飘窗空间的多功能办公区，一块木板在窗与书橱之间巧妙地构建了一张办公桌。淡色的百叶窗帘配以浅白色的书橱，还有书桌上的绿色植物，给这方小天地带来更多的小清新，并且有利于思考。黑色的椅子与书柜的色彩一致，缓解了视觉上的疲劳感。一体式书橱与书柜又给办公区节省了不少空间，在这样的多功能办公区工作也是一种惬意的享受。

利用多边形窗打造办公区

利用多边形窗采用围合式设计构建了一个办公区域。白色的木饰面为空间营造一份安逸且干净的环境，阳光透过百叶窗帘给室内增添了温馨感。大小壁柜可收纳不同的办公用品，一盆小绿植给空间增添了色彩，同时也为空间带来了生机。带着艺术感的小台灯呼应着小绿植，为空间营造一丝艺术气息。

飘窗式办公桌有效地节约了空间

大面积的黄色壁柜，为室内空间营造了满满的温馨感。窗外的风景透过玻璃呈现在室内，让空间的视觉更具有通透感。飘窗办公桌架构于壁柜之间，有效地节约了空间，而且一体式的架构让卧室没有凌乱感。软装中的布艺色调与整个室内空间相互呼应，办公桌上相框里的一抹蓝为空间增添了亮点，创造出一个温馨感十足的卧室，营造了一个舒适的办公氛围。

+ 詹皓设计

相近色搭配 增强空间温馨感

书桌与床的一体化设计增加了储物功能，原木色壁柜以及木地板为室内营造出素雅的氛围。落地窗一角蓝色布艺窗帘为室内增添了一道亮点，让柔色的空间不再沉闷。白色窗帘给空间营造了温馨舒适的氛围，并与床上的白色被单相互呼应。绿色的抱枕呼应着办公桌上的绿植，为室内空间创造了生机感。墙面与家具采用了接近的色彩，避免色彩冲突可增加卧室的温馨感。

+ 尚舍设计

以简约为主题 设计一体化办公区

卧室的一体化设计为视觉带来通透舒适感。飘窗被巧妙地设计成一个休闲看书的卡座，与卡座衔接的办公桌极为简易。空间整体色调以米白色为主，显得十分温馨。原色木地板与墙面色彩起到了呼应效果，蓝色抱枕聚焦了室内色彩，给温馨的空间带来一丝宁静。软装的柔和互补了硬装的硬朗，整体环境让人倍感舒适。

利用窗外风景营造艺术氛围

在柔光的衬托下，米白色的床头背景墙为室内增添了温馨感。一抹粉的壁柜浪漫且富有小清新的感觉，并与窗户周围淡灰色的墙面相互呼应。一块白色木板在飘窗与壁柜之间构建了一张办公桌，透过窗户映入室内的大山风景，为空间创造了勃勃生机。这景色犹如一幅挂画挂在墙上并与床头相框相呼应，为空间营造艺术氛围。

以玻璃作隔断增大空间视觉效果

以玻璃墙隔出两块区域，显得干净明亮。室内以浅色和白色为主，屋顶的白色呼应着地板以及书桌的色彩，给室内带来温馨干净的感觉。黑色办公椅呼应着电视的色彩，为空间带来一丝沉稳感，绿植的搭配则给空间创造了生机。透过百叶窗帘的光线照进室内，为空间营造一种温馨感。

| 空 | 间 | 魔 | 法 |

04 舒适阅读型多功能区

> Multifunctional Zone Design

嵌入式柜体设计 增强视觉美感

两个嵌入式柜体运用不同的材质，形成鲜明对比。右边的深蓝色开放式柜体和墙面形成一个整体，左边的木饰面柜体和地板形成一个整体，在视觉上营造一种块状拼接的美感。淡绿色的绒布休闲椅与灰色的绒布圆地毯打造了一个柔软舒适的阅读空间。

设计灯带让空间 更加饱满温暖

黑色竖格栅配横纹木饰面的设计，让空间显得更有质感。黑色的开放式金属书架和格栅形成一体，搭配顶面和书架侧面的氛围灯带，让空间多了一分科技感。悬在中间的卧室别具一格，整体由蓝色的软包和窗帘打造，其舒适性不言而喻。暖黄色的休闲椅给这个略显生冷的空间增加了一抹暖色。

舒适阅读

整墙嵌入式书架彰显自信气质

三组超高的整墙嵌入式书架，不仅满足了摆放书籍的功能，还能让空间的挺拔以一种高调的姿态表现出来，同时彰显出自信博大的气质。紫色的椭圆沙发提供了足够的休憩位置，黑白地砖的不规则拼法，让人有种条条大路通罗马的感觉。硕大的水晶灯和中岛无不显示出大气奢华的风范。

舒适阅读

红蓝搭配营造温暖包容的感觉

造型别致的嵌入式书柜不仅满足了储物功能，而且还装饰了墙面。粗糙的金属和高饱和度的红蓝搭配营造出一种热情奔放的地中海风格。大红大蓝的搭配并不觉得艳俗，反而有种温暖包容的感觉。墙面的搁板上摆满了结婚照和宝宝的照片，温馨而幸福。

+ 欧阳金桥设计

新中式元素为空间增添文化内涵

黑白灰的搭配让空间更加大气从容。黑色木饰面对应白色硬包显得颇有意境，两幅画作也相得益彰，互相呼应。桌椅的搭配和白色梅花的摆放，让空间更具中式文化气息，轨道灯的运用让空间更具层次感。

+ 力设计

黑色元素的运用让空间更有立体感

由阳台改造的阅读空间，墙面刷成深灰色避免了白天阅读时阳光对眼睛的伤害。浅灰色大理石搭配浅米色木纹，和深灰色墙面形成冷暖对比，缓和了墙面的深沉。黑色金属和黑色踢脚线的运用让整个空间更硬朗、更有立体感。顶面的横向木纹和地面横向的大理石形成呼应，在视觉上拉宽了阳台。

舒适阅读

大面积驼色营造温暖大方的氛围

驼色硬包搭配玫瑰金不锈钢，营造温馨舒适的氛围。全木休闲椅上随意地搭着粗线针织毛毯，给人一种慵懒居家的感觉。床头柜上的玻璃花瓶给这个房间带来了生机，同时也增加了情调。

+ 理丝室内设计

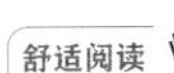

舒适阅读

开放式书架实现收纳装饰双功能

开放式书架不仅满足了摆放书籍和装饰品的需求，柜子本身还装饰了朴素的墙面。墙纸颜色与书架板材的颜色形成呼应，仿佛融为一体。书架的外口全部镶嵌玫瑰金金属线条，和小圆几形成呼应，不仅为整个空间增加了一抹亮色，同时使空间显得更加高级。

+ 乐尚设计

用木饰面营造安静温馨的氛围

空间的地面、墙面及装饰柜都用同一种木饰面装饰，不仅统一了空间的调性，同时也把整个空间牢牢地联系在一起。自然朴素的原木很好地塑造了空间安静素雅的氛围，在这样一个空间里，所感受到的舒适感要归功于木饰面和橱窗里的绿植景观。景观用玻璃隔开，顶面用L形灯带洗墙，营造出别样的风景。

四头落地灯烘托绚丽奢华的气氛

大幅的壁画内容非常有画面感，绿色的灯光和画融为一体，丰富了画的内容。金色不锈钢搭配黑色高光木饰面，一种豪华感扑面而来。花型复杂的地砖也给人一种华丽的感觉，四头落地灯非常好地烘托了场景绚丽奢华的气氛。

利用地面装饰材料划分阅读区

本案空间首先映入眼帘的是星星点点的黄色，不仅提亮了空间，还很好地调节了房间的调性，尤其在夜晚会让房间更加明亮温暖。阅读区用人字铺地板很好地做了一个区域划分，同时用木地板营造一个非常舒适温馨的阅读空间。

灵活运用色彩让空间别具一格

原木地板搭配白色墙面和顶面，显得清新自然。白色门稍稍打开，阳光便洒了进来，充满了温暖的感觉。原木搭配黑色的书架和地柜，使空间更显高级感。书柜里摆放五颜六色的书籍和墙面的油画形成呼应。放弃传统的装饰风格，用大胆的想法让这个空间变得张扬且富有活力。

百叶窗让空间简洁明亮

两扇大窗户均采用铝合金百叶窗帘，不仅节约空间，而且也更加简洁大方便于清洁。用原木包裹柱子会让空间看起来更加大气，而且与原木地板、原木格栅以及飘窗的木饰面背景搭配起来，能给空间营造自然有活力的感觉。灰色的几何图案圆地毯，带来绚丽的视觉效果。两把休闲椅遥相呼应，形成一种对称美。书柜外框与墙面融为一体，突出了黑色搁板，这种黑白配让空间更加整洁大气。

宁静淡雅的阅读空间设计

整个空间给人一种宁静淡雅的感觉，白色墙面搭配低饱和度的枫叶红木地板，再搭配枫叶和同色系的沙发小圆几，展现出主人热爱生活的性格。透过落地窗户可欣赏到院子里的景色，闲暇之余坐在这里打开一本书，何尝不是一种人与自然、人与空间的沟通。

舒适阅读

不规律分格让书柜功能多样化

黑色的书柜采用壁挂式，不规律的分格让书柜功能更加多样化，同时看上去更加美观。书柜和旁边的黑色窄边镜子及黑色大理石形成一个整体，显得大气沉稳。镜子的运用不仅加大了视觉面积，还补充了室内光线，提升了空间的质感。顶面的黑色镂空格栅，增强了顶棚的装饰性，灯饰嵌在格栅内部，不仅节省了空间，还为格栅增色不少。

蓝色花瓶让空间显得灵动俏皮

弧形的空间看上去非常美观，没有尖角锐角，其视野也更加开阔。浅卡其色的墙面和书架融为一体，不仅塑造了空间的统一性，而且还增加了空间的储物功能。大地色系的复古砖和墙面形成呼应，墙面的 KAWS 经典涂鸦增加了空间的趣味性。蓝色的花瓶和黄色的圆几点缀了空间，打破了空间的沉稳，多了一分俏皮。

利用绒布硬包隔断营造温馨氛围

将淡紫色的绒布硬包隔断摆在窗前，为室内营造了一个静谧温馨的环境。条纹地毯用在这个场景里非常合适，既呼应了咖色地砖，还呼应了装饰架。橘色休闲椅为空间增加了一抹亮色。

落地窗搭配百叶帘提升采光效果

落地窗搭配百叶帘可提升空间的采光效果，同时百叶窗帘更加简约、节省空间。完整的水泥地面会让空间看起来更加整合，通长的木纹书桌将两个空间紧密联系。室内墙面刷成深灰色，加上球灯的出现，让室内别有一番韵味。书桌的朝向非常人性化，避免了阳光对眼睛的伤害。桌子尽头的一抹绿色在射灯的照射下非常有意境。

富有个性的阅读区设计

裸露在外的墙砖，在灯光下将粗糙的美感毫无保留地展现出来。看似平淡的书柜在薄金属搁板的映衬下，显露出不同以往的轻薄感觉。全黑的椅子、落地灯以及粗犷风格的油画，足以彰显出这个休闲阅读区的与众不同。无论是墙砖、地板，还是黑色的椅子、油画、楼梯都能看出设计师是想用最简单原始的颜色和材质，设计出不一样的个性空间。

利用色彩搭配提升空间品质

柜门上小线条的运用，让黑色的书柜看上去更加的典雅。书架上的黑白书籍和金色装饰品也凸显了房间的整洁、尊贵。由米灰色和棕红色皮革缝制的休闲椅，搭配同样棕红色造型精致的杂物筐，更是给整个空间增加了一分精致奢华。深棕的木地板恰如其分地突出了空间的低调内敛。整个空间的色彩搭配不仅明亮奢华，而且富有情调。

冷与暖的对比让空间更富有内涵

整个空间大面积运用了灰色水泥，营造出原始粗犷的空间环境。由于灰色空间过于清冷，缺乏生气，因此采用清新温暖的原木可以很好地解决这个问题。开放式的原木壁柜不仅满足了储物的功能，还和水泥墙形成对比，让空间变得柔和。绿色盆栽更是画龙点睛，富有生机。

+ TT 同心同盟设计

玻璃吊线灯使阅读区更显精致

飘窗用木格栅装饰会更有层次感，搭配白色大理石和白色镶边坐垫，显得对比度更加鲜明，白色书籍和饰品的摆放，也在无形中提亮了空间的视觉感受，坐垫上的花卉和书架上的装饰画形成呼应，同时也使空间更加的温馨。玻璃吊线灯和床头柜的出现，让空间多了一分精致优雅。书柜框架的叠级做得十分考究，窗帘的颜色不仅呼应了木纹，也点亮了花艺和装饰画。

书籍和画作为空间营造文艺气息

淡红色的拉丝墙纸看上去如绸缎般，给人一种高级感。黑白配的哑光小圆桌上摆放着白色和绿色的花朵，让人感觉非常宁静并十分赏心悦目。简单的黑色搁板上，摆放着或简单或绚丽的书籍和画作，营造出复杂与简约碰撞的文艺气息。

储物和阅读相结合提升空间利用率

嵌入式的白色柜体在突出空间整体性的同时，又不露痕迹地和墙面融为一体。黑色的开放柜打破了柜体和墙面的单调，沙发凳和落地灯形成色彩呼应，加上顶面和地面的木地板以及布满几何造型和动物图案的地毯，营造出舒适清新又充满童趣的阅读环境。

搭配点光源让空间更有层次感

落地窗的出现让夜晚的时光也会过得非常浪漫，点光源的运用让空间更加有层次感。柜体镜子的出现让空间变得更加宽阔，布满圆形图案的地毯增加了房间的多变性，水墨画让空间更具有文化气息。大面积的黑色为空间营造了一种安静低调的感觉。

黑色书架呈现奢华内敛气质

木纹地板搭配绿色椅子，生机盎然的景象瞬间映入眼帘。典型的黑白灰搭配看上去很干净清爽，大面积的白色墙面搭配层层叠叠的小线条十分的精致。黑色书架上大面积的烫金藏蓝色书籍搭配哑光金属饰品迸发出奢华内敛的气质，在绿色盆栽和绿色沙发的陪衬下，显得异常尊贵，而红色的出现，则让这个空间瞬间跳动起来。原木地板搭配斑驳的浅蓝色地毯又赋予空间一种随性和活力。